SHENG WU KE XUE CONG SHU · 生物科学丛书 · S

# 花草谜团破解

王兴东 著

Wuhan University Press

武汉大学出版社

# 前　言

PREFACE

广袤自然，无边生物，真是无奇不有，怪事迭起，奥妙无穷，神秘莫测，许许多多的难解之谜简直让人不可思议，使我们对各种生命现象和生存环境简直捉摸不透。破解这些谜团，有助于我们人类社会向更高层次不断迈进。

动物是我们人类最亲密的朋友，我们拥有一个共同的家，那就是地球。尽管我们与动物相处最近，但动物中的许多神秘现象令我们百思不解。我们揭开动物奥秘，就能与动物和谐相处与共生，就能携手共同维护我们的自然环境，共同改造我们的地球家园。

植物是地球上的生命，也是我们的生存依托。千万不要以为草木无情，其实它们是有喜怒哀乐的，应该将它们作为我们最亲密的朋友。因此我们要爱惜一花一草。植物是自然的重要成员，破解植物奥秘，我们就能掌握自然真谛，就能创造更加美丽的地球家园。

生物是具有动能的生命体，也是一个物体的集合，可以说在我们周围是无处不在。特别是微生物，包括细菌、病毒、真菌以及一些小型的原生动物、显微藻类等在内的一大类生物群体，它们个体微小，却与我们生活关系密切，涵盖了许多有益有害的众多种类，我们必须要清晰地认识它们。

许多人认为大海里怪兽、尼斯湖怪兽等都是荒诞的，根本不可能存在，认为生活在恐龙时代的生物根本不可能还会活到今天。但一种生活在4亿年前的古老矛尾鱼被人们捕捞上岸，这一惊人发现证实了大海里确有古老生物的后裔存活。

生物的丰富多彩与无限魅力就在于那许许多多的难解之谜，使我们不得不密切关注。我们总是不断认识它、探索它。虽然今天科学技术日新月异，达到了很高程度，但我们对于那些无限奥秘还是难以圆满解答。古今中外许许多多科学先驱不断奋斗，一个个奥秘不断解开，推进了科学技术大发展，但人类又发现了许多新的奥秘，又不得不向新问题发起挑战。

为了激励广大青少年认识和探索自然的奥妙之谜，普及科学知识，我们根据中外最新研究成果，特别编辑了本套书，主要包括动物、植物、生物、怪兽等的奥秘现象、未解之谜和科学探索诸内容，具有很强的系统性、科学性、可读性和新奇性。

# 目录

CONTENTS

会害羞的含羞草……………… 6

会跳舞的跳舞草……………… 10

著名的九死还魂草…………… 14

爬山虎的攀墙本领…………… 18

夜里开花的晚香玉…………… 22

早晨开放的牵牛花…………… 26

吃人魔王日轮花……………… 32

臭名昭著的植物花…………… 36

鸽子树上的花朵…………………… 44

能泌乳泌盐的植物………………… 54

能反击干旱的植物………………… 66

能探矿的植物……………………… 76

能预测环境的植物………………… 88

发弹和产油植物…………………… 96

能听歌跳舞的植物………………… 106

闻所未闻的奇异植物……………… 114

植物与动物合作…………………… 120

为什么植物会落叶………………… 128

植物有性别之分吗………………… 136

植物也会呼吸吗…………………… 142

雷电是植物引起吗………………… 146

植物情报传递之谜………………… 154

# 会害羞的含羞草

## 会害羞的含羞草

含羞草是一种豆科草本植物。它白天张开那羽毛一样的叶子，等到晚上就会自动合上。有趣的是，你在白天轻轻碰它一下，它的叶子就像害了羞一样，悄悄合拢起来。

你碰得轻，它动得慢，一部分叶子合起来；你碰得重，它动得快，在不到10秒钟的时间里，所有的叶子都会合拢起来，而且叶柄也跟着下垂，就像一个羞羞答答的少女，所以人们管它叫“含羞草”。

## 含羞草为什么会动

大多数植物学家认为，这全靠它叶子的“膨压作用”。在含羞草叶柄的基部，有一个“水鼓鼓”的薄壁细胞组织，名叫叶枕，里面充满了水分。当你用手触动含羞草，它的叶子一振动，叶枕下部细胞里的水分，就立即向上或向两侧流去。这样一来，叶枕下部就像泄了气的皮球一样瘪了下去，上部就像打足了气的皮球一样鼓了起来，叶柄也就下垂、合拢了。

在含羞草的叶子受到刺激合拢的同时，会产生一种生物电，把刺激信息很快扩散给其他叶子，其他叶子也就跟着合拢起来。

当这次刺激消失以后，叶枕下部又逐渐充满水分，叶子就会重新张开，恢复了原来的样子。但也有科学家认为，含羞草之所以会运动，是与光敏素的作用分不开的。

## 含羞草的自我保护

含羞草的老家在巴西，那里经常有暴风雨。为了适应这种不良环境，它在自然环境中培养了保护自己的本领。每当风雨到来之前，就把叶子收拢起来，叶柄低垂，这样一来，就不怕暴风雨的摧残了。

有趣的是含羞草还是相当灵感的“晴雨计”。人们利用它的这种怪脾气和本能，预测未来的晴雨。“含羞草害羞，天将阴雨。”这句谚语告诉我们，如果含羞草的叶片自然下垂、合拢，或半开半闭、舒展无力，出现害羞现象，将有阴雨天气。

有趣的是含羞草还是相当灵敏的“晴雨计”。人们利用它的这种怪脾气和本能，预测未来的晴雨。

在正常天气里，含羞草一般不会自己“害羞”，即使有人碰它的叶片，叶片也会很快地合拢，然后恢复原状。这是晴天的征兆。含羞草是一种奇妙的植物，它的身上还有不少奥秘没有被揭开。

## 小知识大视野

杨贵妃与含羞草：传说杨玉环初入宫时，因见不到君王而终日愁眉不展。有一次，她和宫女们一起到宫苑赏花，无意中碰着了含羞草，草的叶子立即卷了起来。宫女们都说这是杨玉环的美貌，使得花草自惭形秽，羞得抬不起头来。

# 会跳舞的跳舞草

跳舞草也称“情草”、“无风自动草”、“舞草”，也有人戏称其为“风流草”，是一种多年生落叶灌木，野生种类主要分布在一些深山老林之中。

它的叶片两侧生有大量的线形小叶，而且对声波非常敏感，在气温不低于22℃时，特别是在阳光下，受到声波刺激时，会随之连续不断地上下摆动，犹如飞行中轻舞双翅的蝴

蝶，又似舞台上轻舒玉臂的少女，因此而得名。它树不像树，似草非草，地植高约1米，盆栽高约0.5米；茎呈圆柱状，光滑；各叶柄多为3枚叶片，顶生叶长0.06米至0.12米，侧生一对小叶长0.03米左右。

该植物对外界环境变化的反应能力令人惊叹不已。如果你对它播放一首优美的抒情乐曲，它便宛如玉立的女子，舒展衫袖情意绵绵地舞动。如果你对它播放杂乱无章、怪腔怪调的歌曲或大声吵闹，它便“罢舞”，不动也不转，似乎显现出极为反感的“情绪”。当在闷热的阴天，或在雨过天晴时，纵观全棵，数十双叶片时而如情人双双缠绵般紧紧拥抱，时而又像蜻蜓翩翩飞舞，使人眼花缭乱，给人以清新、美妙、神秘的感受。

当夜幕降临时，它又将叶片竖贴于枝干，紧紧依偎着，真是植物界罕见的风流草。

舞草为什么会跳舞呢？科学家通过观察发现，舞草的跳舞行为与阳光有关系。如把舞草移到黑暗的地方，它的动作就会慢慢减弱，以至最后停止；如再把它移回阳光下，它又开始舞起来了。此外，舞草的跳舞行为与温度也有关系。如外界温度达至30℃，西侧的小叶跳得最欢，而且舞步呈圆圈状；如气温低于或高于30℃，它就跳得没有那么畅快，并且舞步呈椭圆形。

科学家们经过研究，进一步揭开了舞草跳舞的奥秘。

原来，舞草叶柄的叶座细胞在阳光和温度的刺激下，会收缩

或者舒张，由此导致了叶片的运动。这种运动有利于舞草本身的生存，可以减少阳光的直射面积，减少水分的蒸腾，防止昆虫等动物的危害。

这么说来，舞草跳舞并不是要给人欣赏的，而是出于它自己生存的需要。此外，跳舞草还具有药用保健价值，全棵均可入药，具有祛瘀生新、舒筋活络之功效。其叶可治骨折，枝茎泡酒服，能强壮筋骨，治疗风湿骨疼。

## 小知识大视野

在我国云南省西双版纳的原始森林里，有一种会“欣赏”音乐的小树，如果在它旁边播放的是轻音乐或抒情歌曲，小树的舞蹈动作就显得婀娜多姿；如果播放的是进行曲或嘈杂的音乐，小树就不舞动了。

# 著名的九死还魂草

水是生命的源泉，在各种植物体内，都有含量不等的水。有一种植物，含水量降低至5%以下，几乎已成“干草”了，却仍然可以保持生命。

曾有过这样的事，有人把这种植物全棵做成干制标本，放在植物分类标本橱中，几年后，这棵干草无意中落到了水池中，待第二天被人发现时，人们惊奇地看到，它竟舒展开全部枝叶，变得生机勃勃了。

这奇特的植物，便是大名鼎鼎的“九死还魂草”。九死还魂草这种非凡的“还魂”本领，奥秘全在于它细胞的随机应变能力。

当干旱来临时，它的全身细胞都处在休眠状态之中，新陈代谢几乎全部停止，像死去一样，得到水分后，全身细胞才会恢复正常生理活动。

说起来，九死还魂草的这种本领也是被环境逼迫出来的。它生长在向阳的山坡或岩石缝中，那里土壤贫瘠，蓄水能力很差，它的生长水源几乎全靠天上落下的雨水，为了能在久旱不雨的情

况下生存下来，它被迫练出了这身本领。

在《本草纲目》中有一种“长生不死草”，用于治疗跌打损伤，这种小草就是卷柏，是一种蕨类植物。高0.05米至0.15米，茎棕褐色，分枝丛生，扁平状，浅绿色。

在天气干旱时，卷柏的枝叶就卷缩起来，植物体变得枯萎焦干，仿佛已经死去。一旦遇上水分，它那卷曲的枝叶就平展开来死而复生，以后，若再碰上干旱，又会死去。卷柏三番五次地“死而复生”，生而复死，真是名副其实的“九死还魂草”。

生活在南美洲的卷柏更为有趣。干旱季节，卷柏自己从土

壤里把根拔起来，然后全身卷成一个圆球，随风飘滚，到处流浪，遇上有水的地方，就解开圆球，就地扎根，在新的家乡定居下来。

我国植物学家在野外考察中发现，苦苣苔科中的珊瑚苣苔等也具有“还魂”的特征。它们生长在岩石缝中，根系很浅，在干旱失水时，叶子变得像纸一样，但并不死亡，遇雨便恢复生长。

## 小知识大视野

“还魂”植物是植物界的强者，是能屈能伸的“大丈夫”。植物学家准备把它们的某些遗传特性转移到别的植物上去，创造更多的“还魂”植物。“还魂”植物的抗旱本领，能阻止日益严重的土地沙化，有益于环境的改善。

# 爬山虎的攀墙本领

植物为了获得更大的生存空间，以便能得到更多的阳光及其他资源，都有一套本领。

夏天，人们在大树干上或旧墙壁上常看到许多青绿的蔓，冬天只剩下一些光秃秃的藤条，这就是我们常说的爬山虎，又名爬墙虎。它的根、茎可入药，有破淤血、消肿毒之功效，果实可酿酒。

爬山虎的生命力相当顽强。它具有广泛的适应性和较强的抗逆性，能够在土层极其瘠薄、自然环境较为恶劣的地方生长繁衍，抢占地盘。爬山虎甚至可以生长在立交桥的角落里，尽

管少见阳光，常年得不到人工养护，仍能顽强生长，只是生长速度缓慢而已。

爬山虎与葡萄科其他植物不同，其他植物一般靠卷须攀援其他物体上升。爬山虎也有卷须，而且分枝多，卷须的顶端有圆而凹的吸盘，吸盘边缘可分泌黏液。

当吸盘接触到墙壁时，黏液就会将吸盘密封起来，形成内外压力差后，吸盘就可产生吸力。

多个吸盘能紧紧地吸住墙壁和树干，所以整个植物体便能“飞檐走壁”了。

老枝固定后，幼枝又继续往前生长，又长出新的卷须和吸盘。

这样不停地固定和不停地生长，不到一两年爬山虎便长满墙壁了。

爬山虎生性随和，适应性强，在一般土壤中都能生长，对二氧化硫等有害

气体有较强的抗性。

由于爬山虎的茎叶密集，覆盖在房屋墙面上，不仅可以遮挡强烈的阳光，而且由于叶片与墙面之间的空气流动，还可以降低室内温度。它作为屏障，既能吸收环境中的噪音，又能吸附飞扬的尘土。

爬山虎的卷须式吸盘还能吸去墙上的水分，有助于使潮湿的房屋变得干燥。而干燥的季节，又可以增加湿度。

爬山虎是垂直绿化的优选植物。垂直绿化又称攀缘绿化，是利用攀缘植物向建筑物或棚架攀附生长的一种绿化方式。

爬山虎是最常用也是最理想的攀缘植物，它依靠吸盘沿着

墙壁往上爬，种植的时间长了，密集的绿叶覆盖了建筑物的外墙，就像给建筑物穿上了绿装。

春天，爬山虎长得郁郁葱葱；夏天，爬山虎开黄绿色小花；秋天，爬山虎的叶子变成橙黄色。这就使得建筑物的色彩富于变化。除爬山虎之外，牵牛花、紫藤等也可供垂直绿化。

## 小知识大视野

攀爬植物爬山虎由于分布地域广阔，所以，具有很多名称，如爬墙虎、地锦、飞天蜈蚣、假葡萄藤、捆石龙、枫藤、小虫儿卧草、红丝草、红葛、趴山虎、巴山虎、常青藤等

# 夜里开花的晚香玉

月朗星稀、微风轻拂的夏夜，晚香玉悄然绽开洁白似玉的花蕾，飘散出阵阵沁人心脾的幽香。晚香玉，又叫夜来香、月下香。在夏季里晚上7时前后，晚香玉花苞相继开放。如果你留意，用肉眼就可以观察到花苞是怎样绽开的，一朵花苞开放只需4秒至5秒的时间。

晚香玉的花苞一开放，便飘散出股股清香。其香清而不腻，和而不猛，使人心旷神怡。喜温暖且阳光充足之环境，

不耐霜冻，最适宜生长温度，白天为25℃～30℃，夜间20℃～22℃。好肥喜湿而忌涝，于低湿而不积水之处生长良好。

晚香玉是多年生草本，具长圆形块茎，着生于粗短块茎上。花白色，浓香，夜间尤烈。花期夏、秋季。有重瓣种。晚香玉的生长对土壤要求不严，只要是肥沃的壤土就能自由生长。由于其自花授粉而雄蕊先熟，故自然结实率很低。

晚香玉十分受养花人的钟爱，它不需要特别细心的培植、管理。只要把一个晚香玉小块茎埋入土里，凭借着天然雨水滋润，它就会抽芽、长大、开花、结果。

晚香玉的棵茎，是从叶中抽出的柔嫩的枝条，然而，它能在这一枝条上开出30多朵花来，其花自下而上盛开，呈现喇叭形状，花期长达一个多月。晚香玉不仅可美化庭院，花还可以插在瓶子里，用作室内观赏的佳品。另外，它的叶、花、果还能入药，有利于人体健康。那么，晚香玉为何晚上才开呢？晚香玉为什么总是在夜里传送浓郁的花香呢？

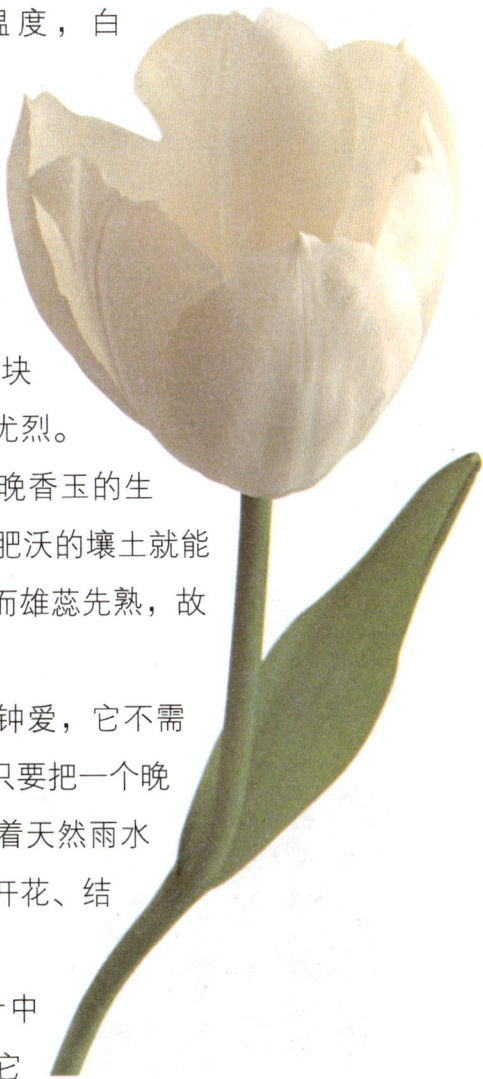

因为白天的气温高，那花瓣便含羞似的合拢着。傍晚的时候温度降低，气候凉爽，蒸腾减少，空气的湿度增大，于是花瓣上的气孔便全部张开。随着呼吸作用的进行，把它内在的挥发性芳香物质飘散到空气中去，也就把缕缕清香带给我们了。晚香玉的老家在亚洲热带地区，那里白天气温高，飞虫很少出来活动，到了傍晚和夜间，气温降低，许多飞虫出来觅食，这时晚香玉便散发出浓烈的香味，引诱飞虫前来传播花粉。经过世世代代的环境因素的影响，晚香玉形成了在晚上发出香味的习性。

晚香玉的花瓣与白天开花的花的构造不一样。晚香玉花瓣上的气孔有个特点，一旦空气的湿度大，它就张得大，气孔张大了，蒸发的芳香油就多。因为晚香玉晚上的时候才会散发出浓郁的香味来，所以叫作

晚香玉。它的这种香味因为太浓了，会让人感觉到呼吸困难，因此晚香玉一般是不放在室内的，因此人们说它是“危险的快乐”。

## 小知识大视野

虽没有太阳照晒，但空气比白天湿得多，所以晚香玉的气孔在夜间就张大，放出的香气也就特别浓。晚香玉的花香，不但在夜间，而且在阴雨天，也比晴天浓，因为阴雨天空气湿度大。

# 早晨开放的牵牛花

牵牛花是攀缘植物，当幼苗长出来的时候，在旁边插一根竹竿或者竖着拉一根绳子，几天以后，它就会缠绕在竹竿或绳子上，越缠越高，最高能爬几米。

仔细观察就会发现，攀爬中的牵牛花，它的茎上本来凸出的部分，过一段时间就渐渐凹进去，同时它在做旋转运动。原来牵牛花的身体里含有一种生长素，这种生长素有时能加速细胞的生长，有时又会阻止细胞生长。

这种生长素在牵牛花体内分布多少不同，就使茎各部

分细胞生长速度不一样。有的时候一边的生长素多了，这一边就长得快；有时另一边生长素多了，那一边就长得快，这样就使牵牛花的茎旋转生长，缠绕着竹竿和绳子向上爬去。

牵牛花是一年生缠绕草本，全株密披白色长毛。茎上披倒向的短柔毛及杂有倒向或开展的长硬毛。

牵牛花的叶宽为卵形或近圆形，有深或浅的3道印痕，偶有5道，长4～15厘米，宽4.5～14厘米，基部圆，心形，中裂片长圆形或卵圆形，渐尖或骤尖，侧裂片较短，三角形，裂口锐或圆，叶面或疏或密被微硬的柔毛；叶柄长2～15厘米。

牵牛花的花序梗长短不一，长1.5～18.5厘米，通常短于叶柄，有时较长，花梗长2～7毫米；小苞片为线形；萼片近等长，长2～2.5厘米，披针状线形，内面2片稍狭。

牵牛花开的花冠呈漏斗状，长5～10厘米，蓝紫色或紫红色，花冠管色淡；雄蕊及花柱内藏；雄蕊的长度不一；花丝基部被柔

毛环绕。

牵牛花的蒴果近球形，直径0.8～1.3厘米，3瓣裂。种子卵状三棱形，长约6毫米，黑褐色或米黄色，有褐色短绒毛。

牵牛花的花期约6～9月，果期为7～10月。

清晨的花园，牵牛花张开紫色、白色、红色的小喇叭迎着太阳，到中午时，它已经萎谢了。第二天，又一批花朵开了。牵牛花为什么早晨开花，中午就萎谢了呢?

生物的生活习性总是经过长时期的自然进化而形成的，但也受周围环境比如阳光、温度、湿度的影响。

早晨的空气湿润，阳光柔和，对牵牛花最为适宜，这时牵牛

花花瓣的上表皮细胞比下表皮细胞生长得快，于是花瓣向外弯曲，这样花就开了，其他的花开也是这个道理。到了中午，阳光强烈、空气干燥，娇嫩的牵牛花朵缺少水分，只好萎谢了。

牵牛花有个俗名叫“勤娘子”，顾名思义，它是一种很勤劳的花。每当公鸡刚啼过头遍，时针还指在 4字左右的地方，绕篱萦架的牵牛花枝头，就开放出一朵朵喇叭似的花来。

晨曦中，人们一边呼吸着清新的空气，一边饱览着点缀于绿叶丛中的鲜花，真是别有一番情趣。

有的地方又叫它“喇叭花”，也有催人勤奋劳作之意。

红牵牛花虽没有牡丹那样富丽，也没有菊花那样高雅，更没有兰花那样芳香，但它那种努力攀登的精神令人赞叹。它不择环境而生，不怕荆棘，深秋时节枝蔓已枯萎，但叶皮仍在顶部开

放，不被西风吹落。

牵牛花生性强健，喜气候温和、光照充足、通风适度，对土壤适应性强，较耐干旱盐碱，不怕高温酷暑，属深根性植物，土壤宜深厚，大苗不耐移植。种子为常用中药，黑色的叫“黑丑”，米黄色的叫“白丑”。入药多用黑丑，具有泻水利尿之功效，主治水肿腹胀、大小便不利等症。

中药黑丑，也就是黑色的牵牛花的种子，研成细粉加入鸡蛋

清于睡前涂抹在患处，第二天清晨用清水洗去，连续使用一星期，有消除雀斑的功效。值得注意的是，黑丑是有一定小毒的，千万不要口服。

## 小知识大视野

牵牛花有60多种，常见的有裂叶牵牛、圆叶牵牛，大花牵牛。大花牵牛原产亚洲和非洲热带，本种在日本栽培最盛，称“朝颜花”，并选育出众多园艺品种，花型变化多样，花色丰富多彩，各地广为流行。

# 吃人魔王日轮花

## 娇艳的日轮花

在南美洲亚马孙河流域那茂密的原始森林和广袤的沼泽地带里，生长着一种令人畏惧的吃人植物日轮花。

日轮花长得十分娇艳，其形状酷似齿轮，故而得名。日轮花有吃人魔王之称。

日轮花的叶子一般有一米长左右，花就散在一片片的叶子上面。日轮花能发出诱人的兰花般芳香，很远就可闻到。表面看来它与一般植物一样，但是如果有人去碰一碰它的花、叶或茎，就会出现很危险的场面。

日轮花的叶子非常地灵敏，而且力量很大，一旦遇到外力侵害，就会立刻像鹰爪一样的伸卷过来把人死死地抓住，拖倒在潮湿的草地上，直至使人动弹不得。这时，会从花朵周围隐蔽的地方爬出一群大蜘蛛，这种蜘蛛会疯狂地对人们进行吸吮和咀嚼。 日轮花为什么要为蜘蛛效劳，为它猎取食物呢？这个大自然的秘密已被人们所揭开。原来，那些大蜘蛛的粪便，是日轮花生长的特殊养料。因此凡有日轮花的地方，也就必定有吃人的蜘蛛，它们相互利用，彼此依存，相依为命。

### 吃人的情景

日轮花虽则美丽飘香，却能帮助蜘蛛“黑寡妇”把人咬死。它长得十分娇艳，花型类似日轮，有兰花般的诱人香味，叶片有三四厘米长。如果有人被那细小艳丽的花朵或花香所迷惑，上前

采摘时，只要轻轻接触一下，不管是碰到了花还是叶，那些细长的叶子就立即会像鸟爪子一样伸展过来，将人拖倒在潮湿的地上。同时，躲藏在日轮花旁边的大型蜘蛛即“黑寡妇”蛛，便迅速赶来咬食人体。

“黑寡妇”蛛的上颚内有毒腺，能分泌出一种神经性毒蛋白液体，当毒液进入人体，就会致人死亡。尸体就成了黑蜘蛛的食粮。黑蜘蛛吃了人的身体之后，所排出的粪便是日轮花的一种特别养料。因此，日轮花就潜心尽力地为黑蜘蛛捕猎食物，它们狼狈为奸，凡是有日轮花的地方，必有吃人的“黑寡妇”蜘蛛。当地的南美洲人，对日轮花十分恐惧，每当看到它就要远远避开。

### 吃人的谜团

关于吃人植物是否存在的谜团，现在还不能下肯定的结论。有些学者认为，在目前已发现的食肉植物中，捕食的物件仅仅是小小的昆虫而已，它们分泌出的消化液，对小虫子来说恐怕是汪洋大海，但对于人或较大的动物来说，简直微不足

道，因此，很难使人相信地球上存在吃肉植物的说法。

但也有一些学者认为，虽然眼下还没有足够证据说明吃人植物的存在，可是不应该武断地加以彻底否定，因为除了当地的土著居民外，科学家的足迹还没有踏遍全世界的每一个角落，也许，正是在那些沉寂的原始森林中，将有某些意想不到的发现。

## 小知识大视野

在苏门答腊岛还有开臭花朵的植物，它的颜色就像腐烂的臭肉，气味就别提有多臭了，它的名字叫作土蜘草。苍蝇当然是它的好朋友了，苍蝇喜欢到那里产卵，土蜘草也趁此机会传播自己的花粉，真是臭味相投的一对。

# 臭名昭著的植物花

## 吸引苍蝇的食腐花

飞来飞去的蝴蝶与漂亮的小蜜蜂并不是花朵赖以传播花粉的两种昆虫，我们还应该想到苍蝇。苍蝇很让人讨厌，它们喜欢气味难闻的东西，对色彩毫无兴趣。

大自然专门为它们创造了一些花朵，因为在春天里，苍蝇要比蜜蜂还早就到处“嗡嗡”飞舞了。这些吸引苍蝇的花朵真可谓

是臭名昭著了。

有一天，一位植物学家发现一棵在长茎末端长着厚叶子和一串串绿芽的藤，非常漂亮，他就把它带回家里，放在花瓶中。第二天早晨，他走下楼，闻到一股恶臭的气味，似乎在什么地方有一只死老鼠，必须赶快把所有的门窗都打开。

臭气源大概就在长满青藤的花瓶后面，仿佛就在花瓶里面！他仔细观察，却看不到什么东西，可他的鼻子确实闻到了浓烈的臭味！他看到美丽的绿色花朵已经在夜里开放了。

植物学家发现，原来这朵绿色花朵就是那只“死老鼠”！为了能合理地掩饰一件令人难堪的东西，生长在沼泽中的臭菘竟然戴上了一个绿色的面罩。

### 花朵的气味

我们一谈到花朵，就立即会想到绚丽多彩、芬芳迷人的景象。其实，科学家对4189种花朵进行了统计，发现其中大部分并不是香的！真正香气袭人的花朵只占18.7％，还有13％的花朵竟然是臭气熏人。

为什么有些花朵会是香的呢？因为它们的花瓣里含有一种油细胞，其内含有芳香醇、脂肪醇或酯类有机化合物，能分泌出散发香气的芳香油。有的花朵虽然没有细胞，但是在一定的时期能产生散发香味的物质，所以也会香飘四溢招引一些蜜蜂和昆虫。有些花朵竟然散发出臭不可闻的臭气，真是不可思议啊！现在人们已经认识到了，花朵的气味一直是分为两大类的，一种是芬芳、清新、让人感到欣慰的，比如茉莉、桂花、玫瑰等，蜜蜂和各种昆虫根据它们的气味能够从很远很远的地方找到它们，向它们飞来或爬来；还有一种是特别难闻的散发着腐臭气味的花朵，各种蝇类的昆虫非常喜欢它们，真是物以类聚，虫以群分！它们的主要成分是胺类化合物。

## 臭气熏天的大花王

在印度尼西亚的苏门答腊岛生长着一种非常大的花朵，一朵花的直径竟有1.4米，最重的有50千克，每朵花有5个花瓣，每个花瓣长0.3米至0.4米，厚0.2米，花朵中央是一个直径0.33米，深0.3米的大盘子，可以装进10千克的水。它的名字叫作大花王，它只有一个短短的花柄和一朵巨大无比的花朵，没有根，没有叶子，也没有茎，那它靠什么生存呢?

原来它是一种寄生植物，它的叶柄寄生在藤本植物的根茎上，从中窃取人家的营养，有人说它简直就像个大懒虫。大花王刚开花的时候还有一点点香气，过了一两天，它就变坏了，散发出腐肉一样的恶臭，我们要是不小心，闻上一口甚至能被呛得摔

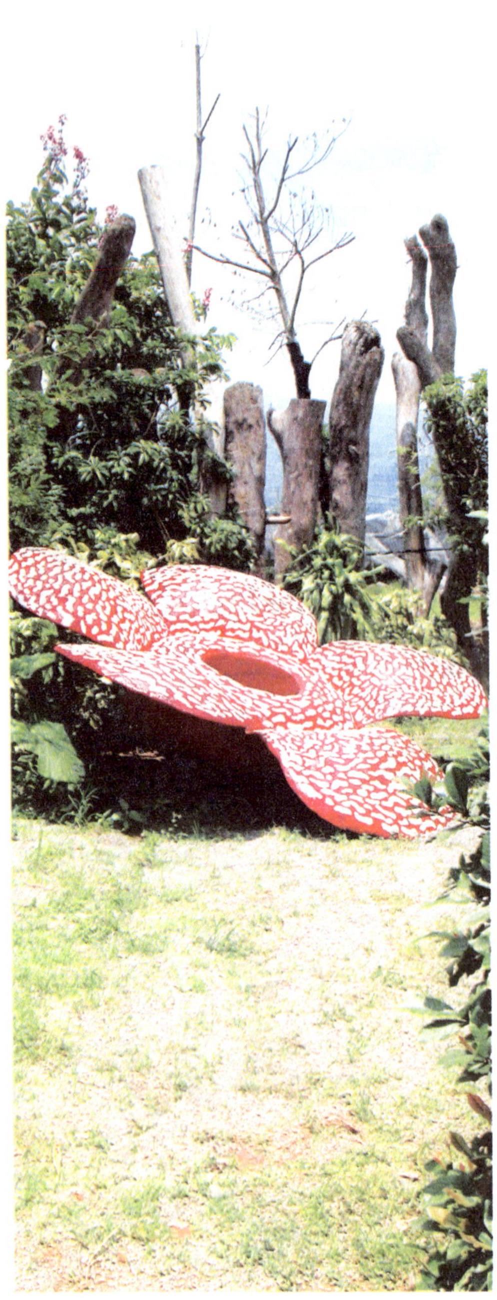

个大跟头。可是那些苍蝇和甲虫就高兴了，它们从远处飞来，跑来，大吃大喝起来。

大王花的花期有4天，花色非常美丽，花粉却发出让人恶心的腐烂臭味，花期过后，大王花逐渐凋谢，颜色慢慢变黑，最后会变成一摊黏糊糊的黑东西。不过受过粉的雌花，会在以后的7个月渐渐形成一个腐烂的果实。灿烂的花结出了腐烂的果实，这也算是植物界的一个奇观。

## 世上最臭的尸臭魔芋

在印度尼西亚苏门答腊的热带雨林地区，有一种名叫尸臭魔芋的花儿，又称“尸花”、“泰坦魔芋”。花朵的直径长1.5米，高则将近3米。由于其有腐烂尸体的气味，故被称作“世界上最臭的花”。

泰坦魔芋寿命长达数十年，可是开花的时间却很短，顶多数日，然后长出果实后，很快就枯萎，所以很难看到它的踪迹。它会发出一种令人作呕如尸肉腐败的气味，因此，又称之为尸花。泰坦魔芋花冠其实是肉穗花序的总苞特有的“佛焰苞”，花蕊其实是肉穗花序。它有着类似马铃薯一样的根茎。等到花冠展开后，呈红紫色的花朵将持续开放几天的时间，散发出的尸臭味也会急剧增加。当花朵凋落后，这株植物就又一次进入了休眠期。

而它散发出的像臭袜子或是腐烂尸体的气味，是想吸引苍蝇和以吃腐肉为生的甲虫前来授粉。它非常艳丽，比你能想象到的任何东西都要美，然而这种美得出奇的花朵却又散发出令人恶心的臭味。

### 似是而非的花

天南星科的马蹄莲，是著名的宿根花卉，黄色肉穗花序外包漏斗形佛焰苞，呈乳白色或淡黄色，纯洁高雅。佛焰苞不是花冠，而是天南星科植物特有的一种总苞。

花坛里那万绿丛中鲜红如血的一串红，其花冠唇形，花萼钟

形，都是红色，从远处看浑然一体，花冠脱落后，花萼却久不凋落，延长了观赏时间。

美人蕉的花朵在夏日里十分诱人，然而这红色的花瓣竟是5片退化的雄蕊。它们的排列很有次序，有3枚直立在后方，起招引昆虫的作用，有一枚弯曲向前方，称为唇瓣，供昆虫采蜜时停歇，第五枚上有黄色斑点，位于花中央。美人蕉的萼片与花瓣各5片，花瓣已失去了鲜艳的色彩，仅在花蕾期起着保护花蕊的作用。

豆科植物含羞草的花冠也没有鲜艳的色彩，仅起保护花蕊的作用，而它的雄蕊却色彩艳丽，十分显眼。自然界中还有许多植物具有这种似花而不是花，不是花又胜似花的变态器官，植物的这种特性是在长期进化过程中自然选择的结果。

最初具有这样变异的植株，获得了较多的传粉机会，它的后代就多。在后代的分化中，凡是强化了这种变异的植株，就更具有生存竞争的能力，于是得到了进一步的繁荣。

## 小知识大视野

爬上虎2是葡萄科植物，由于爬上虎适应性强喜阴湿地、环境，又不怕强光，是理想的绿化，美化环境的植物。爬上虎易于培植。一根茎粗2厘米的爬上虎可以覆盖30至50平方米的墙面。

# 鸽子树上的花朵

## 传教士的发现

1869年春，在四川省的宝兴地区一个叫穆坪的地方，来了一个满脸大胡子的高鼻深目的法国传教士。他名叫大卫，这一年41

岁，是第二次来到我国。大卫的兴趣十分广泛，其中，尤喜种植花草，采集植物标本。他32岁那年，借传教的机会到我国的河北省采集植物标本。3年以后，他带着大量标本返回了法国。

大卫来到穆坪，眼前葱茏一片的植物世界令他惊叹不已。一天，他来到一片树林间的开阔地，看见了令他终生难忘的情景。事后大卫回忆道："我来到一处美丽的地方，看到了一棵美丽的大树。那树上长满巨大的美丽的花朵。花是白的，好似一块块白手帕迎风招展。春风吹来，又好像一群群鸽子振翅欲飞。"

## 开鸽子花的树

大卫把这种大树称为"中国的鸽子树"，事后他还发现，鸽子树的白色大花实际上并不是真正的花，而

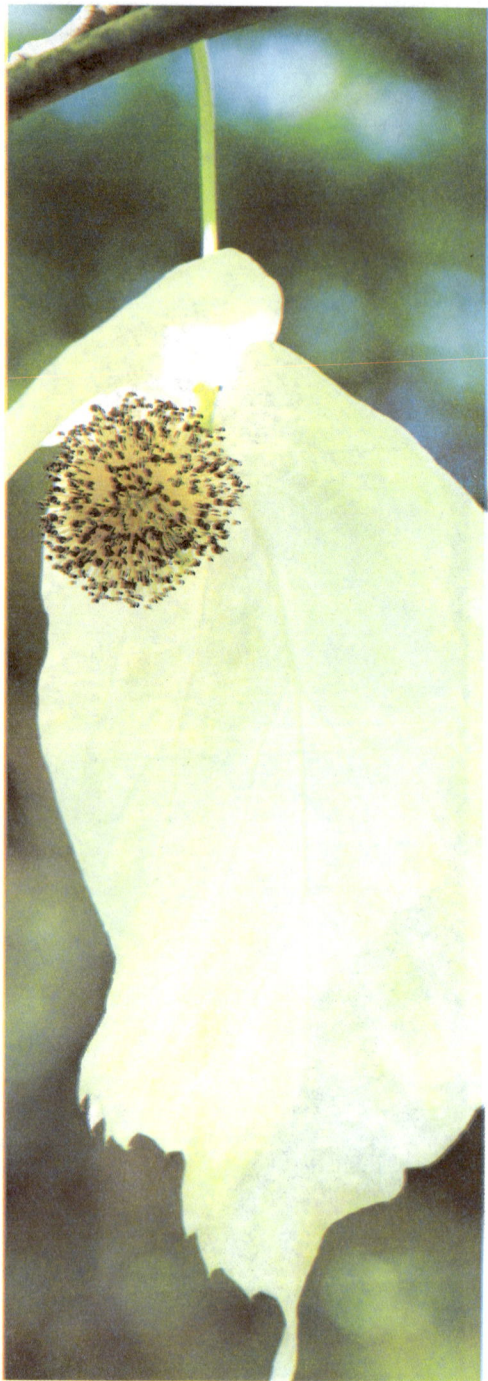

是它的苞片，这种苞片最长可达0.15米，宽0.03米至0.05米。我们所看到的鸽子树的花既然是苞片，那么真正的花在哪儿呢？

大卫仔细研究了鸽子树的结构，这才知道，鸽子树花的数量很多，但却很小，许许多多的紫红色小花组成了一种叫作头状花序的结构。在头状花序中，雄花数目很多，它们大都长在花序的周围，而中央则是雌花或两性花。鸽子树的花序直径约有0.02米，它们处于白色苞片的包围之中，微风吹来，人们只看到鸽子般展翅的苞片，却忽略了花序的存在。

### 活化石

而现今我们知道，鸽子树其实就是我国特有的“活化石”，这就是珙桐。珙桐的科学价值之所以珍贵，是

因为在距今200万年至300万年以前，珙桐的足迹遍布全世界，由于第四纪冰川的影响，珙桐在世界上绝大多数地区都绝迹了，而在我国贵州的梵净山、湖北的神农架、四川的峨眉山、云南的东北部地区，以及湖南的张家界和天平山的海拔1200米至2500米的山坡上还留有小片的天然树林。

这些远古年代的遗物，就像地层中的古生物化石一样，能帮助人们了解与地球、地质、地理、生物等有关的许多奥秘。又因为它们是活着的，所以叫它们活化石。正因为这个原因，珙桐成为我国的一级保护植物，国家还专门为这些活化石划定了保护区。

19世纪末，珙桐被引种到法国，以后又来到英国以及其他国家。如今在瑞士的日内瓦，人们常在庭园里栽种珙桐，每到花开季节，珙桐花花香袭人，引得不少游人流连忘返。

珙桐的果实成熟时，颇像一个个尚未成熟的鸭梨，因此，在产珙桐的地方，珙桐又被叫作水梨子或木梨子，虽然此梨果肉酸涩难以下咽，但对于渴到极点的赶路人来说，这梨倒也能救急。

珙桐的树形优美，是一种很好的绿化树种，它的种子含油量达20%，因此是一种利用价值颇高的珍贵植物。

### 世界上最珍贵的植物

金花茶为山茶科、山茶属、金花茶组、金花茶系植物，与我

国名茶同科属，是国家一级保护植物之一。有很高的观赏、科研和开发利用价值，素有“植物界的大熊猫”、“茶族皇后”之称，在国际上负有盛名。

我国于1960年在广西大山中首次发现黄色山茶，1965年由我国著名植物学家胡先骕先生将此黄色山茶命名为“金花茶”，从此金花茶一举成名，震惊世界花坛。又因其是一种古老植物，结果率极低，世界稀有，被国家列为一级重点保护珍稀植物。

金花茶为常绿灌木或小乔木，高约2米至5米，其枝条疏松，树皮淡灰黄色，叶深绿色，如皮革般厚实，狭长圆形。先端尾状渐尖或急尖，叶边缘微微向背面翻卷，有细细的质硬的锯齿。金

花茶的花金黄色，耀眼夺目，仿佛涂着一层蜡，晶莹而油润，似有半透明之感。

金花茶单生于叶腋，花开时，有杯状的、壶状的或碗状的，娇艳多姿，秀丽雅致。金花茶果实为蒴果，内藏6至8粒种子，种皮黑褐色，金花茶4月至5月叶芽开始萌发，2至3年以后脱落。11月开始开花，花期很长，可延续至次年3月。金花茶喜欢温暖湿润气候，多生长在土壤疏松、排水良好的阴坡溪沟处，常常和买麻藤、藤金合欢、刺果藤、楠木、鹅掌楸等植物共同生活在一起。

由于它的自然分布范围极其狭窄，只生长在广西南宁市的邕宁县海拔100米至200米的低缓丘陵，数量很有限，所以被列为我

国一级保护植物。为了使这一国宝繁衍生息，我国科学工作者正在通力合作进行杂交选育试验，以培育出更加优良的品种。近年来，我国昆明、杭州、上海等地已有引种栽培。

金花茶还有较高的经济价值。除作为观赏外，尚可入药，可治便血和妇女月经过多，也可作为食用染料。叶除泡茶作饮料外，也有药用价值，可治痢疾和用于外洗烂疮；其木材质地坚硬，结构致密，可雕刻精美的工艺品及其他器具。此外，其种子尚可榨油、食用或工业上用作润滑油及其他溶剂的原料。

## 古老的孑遗植物银杉

银杉是一种古老的孑遗植物，200万年以前，银杉曾经广泛分

布于欧亚大陆，自从受到第四纪冰川的袭击遭到灭顶之灾以后，人们对银杉的探索便只有借助植物化石。优美的树枝分长枝和短枝两种，幼叶边缘有睫毛，令人惊奇的是绿色的叶片背面，有两条粉白色的气孔带，饱含露珠的叶片在阳光照耀下，银光闪闪，银杉以此而得名。

银杉是一种古老的植物。远在一亿多年前的中生代上白垩纪时期，银杉的祖先就已经诞生于北极圈附近了。当时地球上气候非常温暖，北极也不像现在这样全部覆盖着冰层，以后，大约在新生代的中期，由于气候的、地质的变化，水杉逐渐向南迁移，分布到了欧、亚、北美三洲。根据已发现的化石来看，几乎遍布整个北半球，可说是繁盛一时。

秃杉是世界稀有的珍贵树种，我国的一类保护植物。最早是1904年在台湾中部中央山脉乌松坑海拔2000米处发现的。

秃杉有一个“孪生兄弟”，即台湾杉。由于它们长相相似，又分布在同一地区，因此，一般通称它们为台湾杉。

小知识大视野

有趣的蛋树：蛋树曾在美国风靡一时，种植成风，庭院里，房前屋后，都有广泛栽培。不久，它又从美洲传到了欧洲。

# 能泌乳泌盐的植物

## 摩洛哥的奶树

一些到摩洛哥西部游览的观光客，常为自己能够看到一种奇树而感到满足。奇树的名字叫“彭笛卡撒尼特”，当地话的意思是奶树。奶树高仅3米多，全身红褐色，叶片呈厚皮革样，开的花

十分洁白，开罢花便在枝头结一个奶苞。奶苞呈椭圆形，前端开口，成熟后便充满奶汁，稍一碰触，便从开口处流出黄褐色的奶液来。

## 专为后代分泌奶汁

令人啧啧称奇的是奶树并不用种子繁殖。当成年的奶树长到一定时候，树根上便会长出棒状的小奶树来。

小奶树慢慢长大，到了要独立生活的时候，这时，老奶树便拼命分泌奶汁，使奶苞慢慢胀大，将乳汁滴在地上，养肥了土壤。与此同时，长出小奶树的部位，其上方的老奶树的叶子忽然全部枯萎，露出头顶一方天空来。小奶树幼嫩的黄叶见光以后，马上变成绿色，独立地进行光合作用。

## 能泌盐的大米草

从我国辽宁省西部锦西一直至广东省电白的沿海滩，不少地方都长着茂密的大米草，好像一条绿色的绸带。大米草属禾本科多年生草本，丛生，是一种喜水耐盐的植物。它的秆直立，根状茎粗，能迅速蔓延，叶片线状，再生能力强。

大米草原产于英国沿海地区，我国引种后生长良好，经过天然杂交，比欧洲海岸的大米草和美洲互生大米草的植株高大。海滩地带土壤中，含有大量的盐分，其他的植物都不能生长，只有大米草还可以生长。

为了避免盐分过多的伤害，大米草的体内不累积盐分，而是通过叶子背面的盐腺分泌盐，把体内多余的盐分排出体外。含氯化钠的液体分泌到叶子的表面，待水分蒸发掉后，分泌液中含的氯化钠慢慢地变成结晶物，遗留在叶的表面。

这些遗留在叶子表面的盐分，经风一吹，雨一洗，就纷纷掉下来了；或者到了秋天叶子黄时，随着脱落的叶子而脱离植株体。人们把这种能分泌盐的植物，称为泌盐植物。

具有分泌盐这种特殊功能的植物，不仅仅只有大米草一种，像生长在我国甘肃、新疆等地的瓣鳞花，生长在海滨的马牙头，红树林中的白骨壤，以及怪柳、胡杨等，都属于泌盐植物。

### 能泌精制食盐的树

在黑龙江省与吉林省交界处，有一种六七米高的树，每到夏季，树干就像热得出了汗。汗水蒸发后，留下的就是一层白似雪花的盐。人们发现了这个秘密后，就用小刀把盐轻轻地刮下来，回家炒菜用。据说，它的质量可以跟精制食盐一比高低。于是，人们给了它一个恰如其分的称号，叫木盐树。

### 能喷火的树

1988年4月16日中午，上海武康路上一棵大槐树突然从粗大的树干上冒出耀眼的火星，从树洞里蹿出熊熊的火焰。当这棵枝叶翠绿的大槐树燃烧的时候，有人急忙向消防部门报了警。

几分钟之后，消防车就赶到了现

场，消防队员们用灭火器扑灭了乱蹿的火苗。

人们以为这下就没事儿了，谁知道过了一会儿，腾腾的火苗又从树洞里蹿了出来，消防队员又用高压水枪猛射了一阵，才算熄灭了火舌。

这棵树为什么会喷火呢？人们议论纷纷。据消防队的警官推测，可能是地下煤气管道泄露，蓄积在树洞里，散发不出来，有人扔了烟头，点燃了煤气。但经过煤气公司工作人员的现场探漏检查，并没有发现管道有漏气的现象，这个推测被否定了。好端端的槐树为什么会喷火自燃呢？这真是个难解之谜。

### 会灭火的树

在非洲的安哥拉，

生长着一种奇异的灭火树。当地人管它叫梓柯树，这种树四季常绿，有20多米高。

当旅行者坐在梓柯树下点火抽烟，或者燃起一堆篝火的时候，就会看到一种难忘的奇观：从梓柯树绿色的枝叶里，喷洒出大量的汁液，把火灭掉。

原来，这种树的枝叶浓密，树枝杈之间长着一个个馒头大的节苞。这些节苞上密布网眼般的小孔，苞里满是透明的汁液，如果节苞遇到火光照耀，汁液就会从网眼小孔里喷洒出去。

由于它的汁液中含有灭火物质四氯化碳，火焰碰上它，就很

快熄灭了。所以，旅行者就叫它“灭火树”。

### 降雨树

人们都知道，降雨是一种自然现象，没有降雨云是不会下雨的。即使是人工降雨，也需要降雨云，这也是对大自然的模仿。

可是在1985年夏天，很多人却发现了一种奇特的降雨现象：浙江省云和县云丰村小学门口的一棵百年黄檀树，竟然会在烈日之下自动降起雨来。

这一年夏天，云和地区天气干旱，很少下雨。可从7月初开始，这棵树就开始自动降雨了，每到中午时，树上就会落下绿豆大小的雨点，只要3分钟至5分钟就能把人的全身淋湿了。

更奇怪的是天气越晴朗，阳光越强烈，雨就下得越大。如果

天气变阴、变凉，它就马上不下雨了。这些雨是从什么地方来的呢？根据观察，它来自这棵树的树枝和绿叶。

但人们又产生了新的疑问：为什么它以前不下雨？为什么别的黄檀树不下雨呢？

### 蝴蝶树

在云南省宾川县米汤乡小鸡山前的一棵大松树，每年的端午节前夕，就有成千上万只蝴蝶从四面八方飞来，聚集在这棵树上。不到两天，成团成串的彩色蝴蝶就挂满枝头，随风微微颤动，把树枝坠弯成半月形。

这时候，在满山青松绿叶的衬托下，这棵“蝴蝶树”就像盛开在万绿丛中的一朵鲜艳的花，特别好看。

如果有人摇一下树干，树上的蝴蝶就会铺天盖地飞舞起来，如同漫天花雨，五彩缤纷，绚丽无比。

但飞起的蝴蝶并不离去，很快又重新飞落到树上，好像对这棵树有难分难舍之情，它们要在这里聚集几天之后，才逐渐离去。有趣的是每到秋天，在美国太平洋沿岸的蒙特利森林也会出现这样一幅奇妙的景象：成千上万只色彩艳丽的蝴蝶从北方飞

来，落在森林的一棵棵松树上，使墨绿色的松林，一下子变成了五光十色的“蝴蝶世界”。

直至第二年春天，成群的蝴蝶才悄然离去。这种现象人们一直无法解释。

### 可做魔床的树

在南美洲亚马逊河流域的原始森林里，生长着一种神奇的小灌木，用它做的床具有非凡的魔力。人们在野外露宿的时候，睡在这种魔床上，就能很快入睡，而且不会有蚊虫叮咬或野兽袭击。如果在白天，人们即使很疲倦，躺在这种床上也不会睡着。要是把又哭又闹的小孩放在床上，他会立刻停止哭闹。

据植物学家研究，这种小灌木在夜间会散发出一种气味，既对人有催眠作用，又能驱赶蚊虫和一些野兽。到了白天，它又会散发出一种清香提神的气味，使人感到神清气爽，毫无睡意，孩子能被这种清香吸引，不哭也不闹。

### 会走的树和跪拜树

美国有一种会走的树，当地人管它叫苏醒树。这种神奇的树很会保护自己，可以自己选择生活的地方。在水分充足的地方，它会安心生长，而且非常茂盛。

一旦到了干旱缺水的时候，它就把根从地下抽出来，卷成一个圆球，随风远走他乡了。

只要被风吹到有水的地方，苏醒树就会停下来，把根舒展开再插进土里，开始新生活。

在非洲突尼斯的桑尔本坦底植物园里有两棵奇怪的小树。它

们很细、很矮，枝头上长着条状的小叶，树干上有很多疙瘩。如果有人触摸它，树干就会受刺激，马上弯下“腰”来，好像在给人行跪拜礼。

因此，当地人管它叫跪拜树。这两棵树长在植物园进口的地方，来这里游玩的人，都喜欢摸摸它们。

## 小知识大视野

在南美巴西亚马逊河流域也有一种牛奶树，分泌的奶汁竟可以供人饮用。这种“牛奶树”的树皮一旦被刀子割开，便会流出营养成分、味道都与牛奶相近的奶。每棵牛奶树每次产“奶”达3升。

# 能反击干旱的植物

## 水对植物的重要性

水是植物体内最多的物质，也是最重要的、无法替代的物质。水分占植物体鲜重的60%至90%，既可作为各种物质的溶剂充满在细胞中，也可以与其他分子结合，维持细胞壁、细胞膜等的正常结构和性质，使植物器官保持直立状态。植物细胞内的物质运输、生物膜装配、新陈代谢等过程都离不开水。

如果没有水，植物将无法顺利地散发热量，保护自己不受炎夏的烈日灼伤。如果没有水，植物也无法吸收土壤中的矿物质和有机营养。

水不但是植物体自身生长和发育必需的物质条件，也是植物体与周围环境相互联系的重要纽带。

### 当植物遇到干旱时

当一棵正在旺盛生长的植物所能吸收的水分不能满足自身需求时，最初，叶片只是一点一点地萎蔫。

如果不能得到及时的水分补给，植物就会逐渐放慢甚至停止生长发育，叶片乃至整个植株逐渐干枯，变黄脱落，轻则生物量下降，重则植物死亡。

导致植物干旱的原因很多，一种是由于土壤水分不足，致使土壤盐分浓度增高和

有毒物质增多，使植物根系不能吸收水分而萎蔫，还会进一步加深干旱的伤害。

那么，植物在干旱来临时就只能被动忍耐、束手无策了吗?

虽然对大多数陆生植物来说，抵御干旱的能力有限，尤其是生长在水分较丰富地区的那些很少遇到干旱的湿生植物和中生植物，即使这些植物也都具有一些基本的手段，可以抵御持续时间短的、程度较轻的干旱胁迫。

如果干旱胁迫时间延长，植物就会加强根系的生长，主根向下伸长进入更深的地底寻找水源，侧根和根毛增多，使植物吸收水分的面积增大，促进水分的吸收。同时减缓地上部的生长，以减少水分和能量消耗，并转向生殖生长，促进衰老以加速果实和种子成熟，以生物量和产量为代价来换取生命的延长和延续。这

也是为什么旱灾经常导致严重的农作物减产的原因。

## 植物对决干旱

伟大的自然界中总有坚强的斗士。虽然干旱会对植物造成巨大的伤害，虽然植物无法像人和动物一样逃离危险，但是即使那一望无垠的古老荒漠的墨西哥北部高原也遍布着“荒漠之泉”仙人掌，甚至那坚硬的石头上都可以看见倔强的“九死还魂草”卷柏。我们不得不赞叹自然进化的神奇和生命的顽强！

这些不幸生长在缺水干旱环境下的植物又是怎样活下来的呢？如果要用一句话概括，应该是八仙过海，各显其能。

在非洲的撒哈拉大沙漠里生长着一种叫“短命菊”的菊科植物，只要有一点点雨滴的湿润，它的种子就会马上发芽生长，在短暂的几个星期里完成发芽、生根、生长、开花、结果、死亡的

全过程。

沙漠中还有一种木贼，它的种子在降雨后10分钟就开始萌动发芽，10个小时以后就破土而出，迅速地生长，仅仅两三个月就走完了自己的生命历程。它们懂得适应气候特点，利用短暂的雨季或仅一次降雨来完成生长和繁殖，而避开旱季。

更多的植物是通过一些特殊的结构上的适应，来维持在干旱环境中生长发育所需的水分，这些植物通常被冠以“耐旱植物”的美称。

例如一些生长在我国西北沙漠和戈壁中的植物常具有十分发达的根系，能充分利用土壤深层的水分，并及时供应地上器官，就像沙漠中的胡杨树，可将根扎进地下10多米，顽强地支撑起一

片生命的绿洲。

有些植物为了抗旱，退化叶片，或将叶片变成鳞片、膜、鞘、革质，以减少蒸腾失水，就像梭梭和柽柳，最大限度地保持和利用那来之不易的有限水分。另有些植物具有特殊的控制蒸腾作用的结构，如马蔺叶片表面具有的厚角质层，沙冬青的叶表面有一层蜡质或灰白色毛，夹竹桃叶片气孔凹陷等。这些耐旱植物对付旱情的有力措施，都是通过有效地保水或吸水以保持达到水分平衡的目的。

仙人掌科和景天科植物更为特殊，具有肉质结构，贮水组织非常发达，如北美洲沙漠中的仙人掌，一棵可以高达15米至20米，贮水2000千克以上。

另外，这类植物有特殊的光合固定二氧化碳途径，气孔白天关闭，利用体内固定的二氧化碳进行光合作用。夜晚张开，吸收

二氧化碳并固定。这样一来，既可以减少蒸腾量，维持水分平衡，又能同化二氧化碳，这种策略也是保水耐旱。

## 神奇的复苏植物

自然界中还有一类植物，可以生活在极端干旱的环境里，但是并没有特殊的结构来保水，也没有强大的根系来吸水。这类植物采取的是一种相反的策略，即快速彻底地脱水，减弱生理代谢活动，进入一种类似休眠的状态度过干旱时期。而在水分变得充足时又快速地吸收水分，恢复生活状态，继续完成其生活史。

在休眠至生长的这个过程中，这些植物表现出形态结构上的可见变化，干旱时叶片发生卷曲、变硬、失绿，复水时逆转，重新

变得舒展、柔软、鲜绿，就像它死而复生一般，因此人们把这类植物称为复苏植物。英语有个非常有意思的表达，说它们是干而不死。我国明代《本草纲目》中就记载过的“九死还魂草”的卷柏，可以在晾干后，经浸水而生。

据说卷柏的干标本在时隔11年之后浸在水里，居然能还魂复活恢复生机。笔者也曾将一种名为牛耳草的苦苣苔科植物风干5年后放在湿滤纸间，几个小时后就复苏了。所以这类植物的适应策略是耐旱但不保水。

## 科学研究告诉我们的真相

细胞学和分子证据显示低等复苏植物和高等复苏植物在干旱和复水过程中的表现和采取的手段是不同的，后者显然更经济划算。虽然很多陆生植物的种子和花粉能够耐脱水，但复苏植物是

唯一能够以叶子等营养器官忍耐脱水的一类植物。

最新的理论推测耐脱水性是一种古老的性状，大概在植物从水生向陆生进化的过程中获得。但由于陆生植物获得了越来越有效地吸收、运输和保持水分的结构，如维管组织，这种耐脱水能力仅仅被保留在种子和花粉中，而在叶片等营养器官中被丢失了。只有生活在长期或季节性干旱环境中的一些植物在长期适应性进化过程中对种子中的耐脱水程序进行重新编程，使之在营养器官中重现而重新获得了复苏能力。

### 人类的不断探索

对自然奥妙的好奇一直是科学进步的主要动力之一。虽然植物干旱反应与适应这个问题在人类孜孜不倦的努力探索下已经获得了长足的进步，然而，关于形形色色的避旱植物和耐旱植物适应干旱的分子机理、环境影响与遗传控制，以及能否加

以利用来改良农作物的抗旱性，仍然是很多科学工作者正在努力攻关的难题。

## 小知识大视野

仙人掌：常具有在干旱季节休眠的特性，雨季来临时，它们迅速吸收水分重新生长，并开放出艳丽的花朵。它们的叶子变异成细长的刺或白毛，可以减弱强烈阳光对植株的危害，减少水分蒸发，同时还可以使湿气不断积聚凝成水珠，滴到地面被分布得很浅的根系所吸收；茎秆变得粗大肥厚，具有棱肋，使它们的身体伸缩自如，体内水分多时能迅速膨大，干旱缺水时能够向内收缩，既保护了植株表皮，又有散热降温的作用。

# 能探矿的植物

## 有去无回谷

在美洲一个神秘的山谷，那里土壤肥沃，风和日丽，但到那里居住的人，都很难逃脱死亡的命运，因此当地的印第安人称它为“有去无回谷”。

后来，欧洲移民来到那里，耕耘播种，种出了庄稼，获得了

丰收。可是好景不长，一种莫名其妙的怪病使他们惊恐不安。

患了这种病的人，眼睛慢慢失明，毛发逐渐脱落，最后体衰力竭而死亡。这个山谷又荒芜了。

直至第二次世界大战结束后，地质人员到那里探矿，才揭开了其中之谜。原来，那里地层和土壤中含有大量的硒，同时又缺少硫，植物为了能正常生长，就拼命地从土壤中吸收性质与硫相近的硒，以补充硫的不足。

硒有毒，庄稼中富集了大量的硒，人们吃了之后就会患这种怪病而死亡。

地质学家弄清了“有去无回谷”的真相后，受到了很大的启发，并发现植物可以帮助人们找矿。

在我国和朝鲜的边界地区，生长着一种铁桦树。它木质坚硬，甚至连铁钉都很难钉进去，这是由于它吸进了大量硅元素的缘故。因此，在铁桦树生长茂盛的地方，就有可能找到硅矿。

### 能预测矿种的植物

在我国的长江沿岸生长着一种叫海州香薷的多年生草本植物，茎方形，多分枝，花呈蓝色或蔚蓝色。科学家研究证明，它的花的颜色是铜给染上去的。海州香薷很喜欢吸收铜元素，当吸收到体内的铜离子形成铜的化合物时，便将花染成蓝色。

所以，凡是这种草丛生的地方，就有可能找到铜矿。1952年我国地质工作者从海州香薷大量生长的地方发现了大铜矿，因此香薷又有了“铜草”的美名。

在乌拉尔山区，地质学家以一种开蓝花的野玫瑰为向导，发现了一个很大的铜矿。有人还根据一人种叫灰毛紫穗槐的豆科植物，找到了铅矿，根据堇菜找到了锌矿。

此外，地质工作者还发现，在大量生长七瓣莲的地方，可能找到锡矿；在密集生长长针茅或锦葵的地方，可能找到镍矿；在茂盛生长喇叭花的地方，可能找到铀矿；在开满铃形花的地方，可能找到磷灰矿；在忍冬丛生的地方，可能找到银矿；在问荆、风眼兰生长旺盛的地方，地下往往藏有金矿；在羽扇豆生长的地方可能找到锰矿；在红三叶草生长的地方，可能找到稀有金属钽

矿。

有趣的是一些生长畸形的植物，也往往是人们找矿的好向导。有一种猪毛草的植物，当它生长在富含硼矿的土壤中时，枝叶变得扭曲而膨大；青蒿生长在一般土壤中时，植株高大，而生长在富含硼的土壤中时，就会变成“小矮老头”，根据它们的这种畸形姿态，便可能找到硼矿。有的树木会患一种巨枝症，枝条长得比树干还长，而叶片却变得很小，这种畸形的树可指示人们找到石油。

根据植物花的颜色变化，人们也可以找到相应的矿藏。比如，铜可以使植物的花朵呈现蓝色；锰可以使植物的花朵呈现红

色；铀可使紫云英的花朵变为浅红色；锌可以使三色堇的花朵蓝黄白三色变得更加鲜艳；而锰又可使植物的花朵失去色泽，等等。科学家把这些能够报矿的植物称为“指示植物”。

“指示植物”生长在土壤深处的真菌能分解矿物，使金属离子溶于地下水中，而植物根能把水中的金属离子吸收，然后输送到茎秆和花叶里，此种金属离子对花草树木高矮和花瓣的颜色会产生影响。因此花草树木的高矮、叶子里含有的金属离子以及花瓣的颜色，能为人们提供报矿信息。

由于植物具有将土壤中或水中的矿质元素浓集到体内的奇特本领，所以它们不仅可帮助人们找矿，而且还是采矿能手。

## 能提取矿的植物

在地球上，有些矿物质比较分散，有的矿藏含量很低，提炼起来比较困难，开采需要付出很大代价，于是人们就用一些植物来帮助开采。

例如，地质学家在揭示了有去无回谷的奥秘之后，就在那里种上许多紫云英，紫云英从土壤中吸收大量硒，积存在体内，然后人们把它割下来，晒干、烧成灰烬，再从灰中提取硒，每公顷紫云英可得到2000克的硒。

在巴西的缅巴纳山区，生长着许多暗红色的小草，这种草嗜铁如命，在体内富集了大量的铁元素，它的含铁量甚至比相同重

量的铁矿石还高，因此人们称它为铁草。把这种草收割起来，经提炼后即可得到高质量的铁。

无独有偶，有一种锌草喜欢生长在含锌丰富的土壤中，它的根系从土壤中吸收的锌，就贮存在体内。用锌草来提炼锌，从燃烧后的每千克锌草的灰烬中可得到294克锌。

黄金是贵重金属，将玉米种植在含有金矿的地方，便可以从玉米植株中提取金子，捷克科学家从1000克玉米灰里获得了10克金子。

日本地质学家发现马鞭草科的一种叫薮紫的落叶灌木，对金元素具有极强的吸收能力，所以从这种植物体中也可以提炼得到金子。

钽是一种稀有金属，提炼很困难，价格昂贵。紫苜蓿具有富集钽的本领，人们将它种植在含有钽的土壤中，从大约0.4平方千米的紫苜蓿中可提炼出200克的钽。

另有一种亚麻植物，对铅元素具有较强的吸收能力，从它燃烧后的灰里，氧化铅含量可高达52%，简直成了植物矿石。

人们还可以利用水生植物从水中采矿或回收废水中的贵重金属。如生长在大海里的海带，能从海水中富集大量的碘元素，因此人们就把它作为向大海要碘的好帮手。

又如，水凤莲能从废水中吸收金、银、汞、铅等重金属。据测定，一亩水浮莲每4天就可从废水中获取75克汞。

正是因为植物具有富集一些矿质元素的本质，所以人们可以有目的地筛选和培育出适当的植物，来帮助人类采矿。

### 植物探矿的奥秘

人们通过寻找“锌草”而发现了锌矿，通过海州香薷而发现

了铜矿，通过某地区的向日葵冷杉等植物发现了一座金矿。那么，植物为什么能够指引人们探矿呢?

道理并不复杂。植物在生长发育过程中，必须从土壤中吸收各种矿物质。土壤中某种矿物质过多必然会影响到植物的生活。

比如，开红花的野玫瑰如果吸收了大量的铜，就会开出蔚蓝色的花，这一异常变化就会提醒人们在当地可以寻找铜矿。

又如海州香薷在含铜多的土壤中长得特别茂盛，人们追寻海州香薷的踪迹，就能够发现铜矿。

有些常见的植物也能够显示矿藏的存在。猪毛草是种常见的

野草，一般都生长在盐碱地上，要是发现它的枝叶膨大而扭曲，那么当地就可能有硼矿。

蒿在一般土壤中长得都很高，但如果土壤中含硼量特别高，它就会变成“小矮子”。

有些植物甚至还能替人们采矿呢！有一种植物叫红车轴草，又名红花苜蓿，它是一种很好的牧草，也可当作绿肥。它有一个特殊的本领，能吸收土壤中的稀有金属——钽。

这种金属是机械工业和电子工业中不可缺少的物质，但天然的钽在地壳里不但很少，还很分散，很难采集。

科学家曾想从红车轴草叶子中提取钽，由于耗费太大，不便推广。

后来，又有人发现红车轴草的花中含有大量的钽，于是培养

了一种蜂，专门吃这种花的花蜜，然后再从蜂蜜中提取钽，700千克蜂蜜中可提取200克钽，而且蜂蜜的质量并不降低，仍可供人类食用。真是钽、蜜双丰收，一举两得。

## 小知识大视野

赞比亚有一种奇花叫铜花，枝干挺拔，叶片对生，开蓝色的花朵。凡是铜花生长非常多的地方，就可能有优质的铜矿存在。有一家铜矿公司的地质学家，在铜花的指引下，曾找到了一个富铜矿。

# 能预测环境的植物

## 神奇的指示植物

姹紫嫣红，满园鲜花；青松、翠竹，绿海无涯。在植物这个奇妙的王国里，还有些植物具有神奇的指示作用。如果你稍加留

意的话，就可以发现一个有趣的现象：牵牛花的颜色早晨为蓝色，而到了下午却变成了红色。这是为什么呢？

原来，牵牛花中含有花青素，这种色素具有魔术师般的本领，当遇碱性时为蓝色，而遇酸性时又变为红色。随着一天从早晨至晚上空气中二氧化碳浓度的增加，牵牛花对它的吸收量也逐渐增加，花朵中的酸性也不断提高，从而造成牵牛花的颜色由蓝变红。由此可见，牵牛花对空气中的二氧化碳的含量具有指示作用，所以称这类植物为指示植物。

随着人类对原子能的广泛利用，辐射危害也日益受到人们的重视。有一种叫紫鸭跖草的植物，它的花为蓝色，但受到低强度的辐射后，花色即由蓝变为粉红色，所以紫鸭跖草是测量辐射强

度的指示植物。

## 监测环境污染的植物

利用指示植物还可以监测环境污染的情况。比如，在绿化树种中，树姿优美、常年碧绿的雪松，对二氧化硫和氟化氢很敏感，若空气中有这两种气体存在时，它的针叶就会出现发黄变枯现象。因此，当见到雪松针叶枯黄时，在其周围地区往往可以找到排放二氧化硫和氟化氢的污染源。

科学家研究发现，高大的乔木、低矮的灌木和众多的花草，以及苔藓、地衣等一些低等植物，都可以作为监测环境污染的指示植物。它们是忠实可靠的“监测员”和“报警器”，在空间的不同层次组成了庞大的监测网。这些植物是：紫花苗蓿、雪松、日本落叶松、核桃、向日葵、灰菜、胡萝卜、菠菜、芝麻、栀子

花等，可监测二氧化硫。

郁金香、落叶杜鹃、大叶黄杨、桃、杏、唐菖蒲等，可监测氟化氢。海棠、苹果、山桃、毛樱桃、小叶黄杨、油松、连翘、玉米、洋葱等可监测氟化氢。

女贞、樟树、丁香、牡丹、紫玉兰、垂柳、葡萄、苜蓿等可监测臭氧。向日葵、杜鹃、石榴等可监测氧化氮。矮牵牛、烟草、早熟禾等可监测光化学烟雾。

此外，落叶松可监测氯化氢；柳树、女贞可监测汞；紫鸭跖草可监测放射性物质。

### 指示植物能监测环境污染的奥秘

那么，指示植物为何能监测环境污染呢？因为不同植物在生

理上存在着特异性，故对不同的污染物质，表现出的反应和敏感性也不一样，受害后出现的症状各异。当大气受到二氧化硫、氟化氢、氯气等污染时，这些有害气体可以通过叶片上的气孔进入植物体内，受害的部位首先是叶片，叶片会出现各种伤斑，不同的有害气体所引起的伤斑也不一样。

二氧化硫进入植物体内，伤斑往往出现在叶脉间，呈点状和块状，颜色变成白色或浅褐色：氯能很快地破坏叶绿素，使叶片产生褪色伤斑，严重时甚至全叶漂白脱落。光化学烟雾含有各种

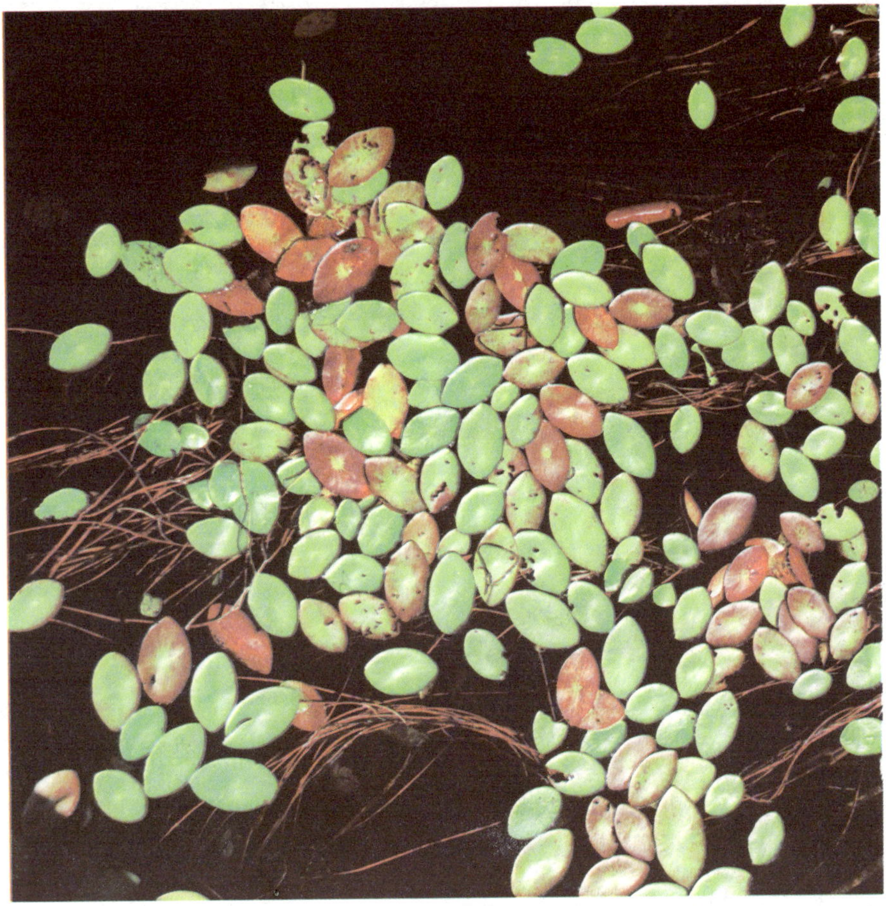

氧化能力极强的物质，可使叶片背面变成银白色、棕色、古铜色或玻璃状，叶片正面出现一道横贯全叶的坏死带，严重时整片叶子变色，很少发生点状和块状伤斑。

二氧化氮使叶脉间和近叶缘处，出现不规则的白色或棕色解体伤斑。臭氧往往使叶片表面出现黄褐色或棕褐色斑点。氟引起的伤斑大多集中在叶尖和叶的边缘，呈环状和带状。指示植物不仅能告诉人们大气受到哪种有害气体的污染，同时还能粗略地反映出污染程度的大小。所以人们称赞这些植物是保护环境的“监

测员”。根据监测结果，即可采取有效治理措施。

## 指示植物监测环境污染的优点

1.比使用仪器成本低，方法简单，使用方便，预报及时，适于开展群众性监测活动。在工厂的四周栽种上一些指示植物，既可监测污染，又美化了环境，一举两得。

2.对污染很敏感，在人还未感觉到，甚至连仪器还测试不出来的时候，一些植物却出现了明显的受害症状，或花朵变色、或叶呈斑点。

3.植物不仅能监测现时的污染，而且还能指示过去的污染情况。比如，根据一些树木年生长量的变化，尤其是从树干的年

轮来测定，估测过去30年中大气污染的程度，结果相当准确。而这些用一般仪器是测不出来的。

## 小知识大视野

在植物界中，唐菖蒲对氟化氢反应十分敏感，当大气中氟化氢浓度超过环境卫生标准15倍时，24小时后便会出现受害症状，首先在叶尖和叶缘出现油浸状褪色带，渐渐枯黄，再变成褐色。因此，唐富蒲是监测大气中氟化氢污染的特灵花卉。

# 发弹和产油植物

## 会发炮弹的喷瓜

喷瓜是葫芦科喷瓜属植物。它是一种著名的会发射“炮弹”的植物，原产地中海地区，在我国有栽培。喷瓜的果实为圆柱形，长0.04米至0.06米，果实外皮有粗糙毛。

喷瓜的果实成熟后，生长着种子的多浆质的组织变成黏性液体，挤满果实内部，强烈地膨压着果皮。这时果实如果受到触

动，就会“砰”的一声破裂，好像一个鼓足了气的皮球被刺破后的情景一样。喷瓜的这股气很猛，可把种子及黏液喷射出10多米远。因为它力气大得像放炮，所以人们又叫它铁炮瓜。

更有趣的是凡是垂地的果实，其果柄都是倾斜向上，与地面成40度至60度夹角，可将种子喷射出数米甚至12米以外的地方，使数十枚种子遍撒在30平方米左右的面积上。不过，我们应当注意的是喷瓜的黏液有毒，不能让它溅到眼中。

## 含羞草的炸药包

含羞草是豆科含羞草属植物，是人们所熟悉的观赏植物，也是一种药用植物。秋季开淡紫红色的花，组成圆头状花序，在开花之后，能形成几个0.02米至0.03米

长的荚果。

等种子成熟时，就变成一包“炸药”。这时，只要有只昆虫轻轻地碰一下果壁，荚果里面蜷曲得像钟表发条似的分荚片，会把种子弹射出好几米远。豆科植物的许多种类都有在种子成熟时炸裂的特性，例如大豆、绿豆、赤豆等。这些植物当种子即将成熟时要及时收获，否则就会造成经济损失。

地球上贮藏的煤炭和石油资源很有限。据科学家估计，按照目前的消耗速度，整个地球上的煤用不了200年，石油用不了100年。这是十分令人担忧的。因此，科学家们想到：可不可以从植物身上榨出石油呢？

## 世界石油危机

近些年，美国加利福尼亚大学的梅尔温·卡尔文教授对植物是否能产石油这一问题做了深入的研究，并予以肯定的回答。卡尔文曾从世界各地收集了3000多种含碳氢化合物的植物标本，并对2000多种植物进行了栽培和制取石油的试验。

结果发现，大戟科的许多植物所产生的一种乳状汁液中，竟含有 30％至40％类似石油的碳氢化合物。这些化合物稍经处理就可以作为石油的代用品。

## 能长石油的树

更令人惊奇的是，1978年卡尔文在巴西热带丛林中意外地发现了一种能长石油的树，这就是香胶树。这种树属于苏木科，为常绿乔木。其树干里含有大量的树液，这是一种富含倍半萜的柴

油。这种树液可不用提炼直接当柴油用。人们只要在香胶树上打个洞，在洞口插进一根管子，油液便会排出。

一棵直径1米、高30米的香胶树，两个小时便可收得10升至20升的树液。而取树液后用塞子将洞口塞住，6个月后还可以再次采油。据估计，一公顷土地种上90棵香胶树，可年产石油225桶。目前，巴西、美国、日本、菲律宾等国已开始种植这种柴油树。

我国的林学家在我国海南省尖峰岭林区，也发现一种会产柴油的树，这就是油楠。它也属苏木科，为常绿大乔木。其树心含油状树液，可燃性同柴油相似，当地居民常用它替代煤油来照明。科学家曾对树液化学成分进行测定分析，其结果表明，树液中含依兰烯、丁香烯等11种化合物。一棵油楠树通常可产油几千

克，最高可达几十千克。科学家相信，将来人类将大规模地通过种植石油树来获取石油。

## 再生能源石油植物

随着能源消耗量的不断增加，有限的常规化能源如煤、石油、天然气等日趋紧缺，然而，正当人们对能源的前景感到暗淡和忧虑的时候，科学家发现了新的再生能源，即石油植物。

所谓石油植物，指那些可以直接生产工业用燃料油，或经发酵加工可生产燃料油的植物的总称。例如，现已发现的大量可直接生产燃料油的植物，主要分布在大戟科，如绿玉树、三角戟、续随子等。这些石油植物能生产低分子量氢化合物，加工后可合成汽油或柴油的代用品。据专家研究，有些树在进行光合作用时，会将碳氢化合物储存在体内，形成类似石油的烷烃类物质。

如巴西的苦配巴树，树液只要稍做加工，便可当作柴油使用。如前所述，目前全世界植物生物质能源每年生长量相当600亿吨至800亿吨石油，为目前世界开采量的20倍至27倍，可见潜力之大。目前，英、美等一些工业发达国家用木材加工出石油已达到实用阶段。

英国一家公司采用液化技术，用100千克木材生产了24千克石油，同时还生产出16千克沥青和15千克蒸汽。美国俄勒冈州一家以木片为原料的工厂，100千克木片中可制取30千克石油。

## 地球上的石油植物

人们还发现，地球上存在着不少的石油植物，它们所分泌出的液体，不需加工或稍经加工就可作为燃料使用。如澳大利亚有一种树，含油率高达4.2%，也就是说，一吨这种树可获取优质燃料5桶之多。在菲律宾和马来西亚，有一种被誉为石油树的银合欢

树，这种树分泌的乳液中含石油量很高。

经专家测试，某些芳草也含有石油。美国加利福尼亚州生长一种粗生分布广泛的杂草，由于黄鼠等啮齿动物很害怕它的气味，故取名黄鼠草。

黄鼠草可以提炼石油，大约10000平方米这样的野草可提取石油1000千克。若经人工杂交种植，10000平方米可提炼石油6000千克。目前，美国学者已发现了30多种富含油的野草，如乳草、蒲公英等。此外，科学家还发现300多种灌木、400多种花卉都含有一定比例的石油。

目前，世界上许多国家都开始进行石油植物及其栽种的研究，并通过引种栽培，建立起新的能源基地石油植物园、能源农场，专家预计在21世纪石油植物将成为人类能源的宝库。

## 建立能源农场的设想

关于建立能源农场的设想，却是在一种特殊情况下提出来的，它对于人类在21世纪启用植物石油能源有着深远的意义。1973年，石油输出国组织成员国临时停止向美国出口石油，因此，美国教授卡尔文想出了建立能源农场这个主意，到现在已经20多年了，这个设想已在不少国家开始试验。

当时，这位科学家知道，某些植物如橡胶树，能把碳化物变成碳氢化合物胶汁。他想既然橡胶树能产生胶汁，那么其他能进行光合作用的植物也能合成类似石油的物质。要得出这样的结论，他首先放弃了一些原有的习惯想法。

卡尔文教授是一位化学家，1961年，他因为一本关于光合作用的著作而获得了诺贝尔奖。现在他是能源农场的最热心的支持

者之一，他跑遍全球去寻找那种具有合成燃烧能力的植物。卡尔文在加利福尼亚州找到了另一种虽不像香胶树那样令人吃惊，但分布非常普遍的植物，农场主们把它叫作黄鼠树。

卡尔文教授的实验证明，人工制造石油并不需要几百万年的时间，而是21世纪就可成功的事情，那么，剩下的一个问题是：能源农场的设想在工艺上是否行得通？在经济上是否划算？

## 小知识大视野

在南美洲有一种叫沙箱树的植物，它的果实在成熟后会像炸弹爆炸一样发出巨响，种子向四方飞射出去。如果人们遇上它爆炸，未及防备，极易受伤。

# 能听歌跳舞的植物

## 听音乐高产的农作物

加拿大有个农民做过一个有趣的实验，他在小麦试验地里播放巴赫的小提琴奏鸣曲，结果听过乐曲的那块实验地获得了丰

产，它的小麦产量超过其他实验地产量的66%，而且麦粒又大又重。

20世纪50年代末，美国农学家在温室里种下了玉米和大豆，同时控制温度、湿度、施肥量等各种条件，随后他在温室里放上录音机，24小时连续播放著名的《蓝色狂想曲》。

不久，他惊讶地发现，听过乐曲的籽苗比其他未听乐曲的籽苗提前两个星期萌发，而且前者的茎干要粗壮得多。农学家感到很出乎意料。

后来，农学家继续对一片杂交玉米的试验地播放经典和半

经典的乐曲，一直从播种到收获都未间断。结果又完全出乎意料，这块试验地比同样大小的未听过音乐的试验地，竟多收了700多千克的玉米。他还惊喜地看到，收听音乐长大的玉米长得更快，颗粒大小匀称，并且成熟得更早。

如果能在农田里播放轻音乐，就可以促进植物的成长而获得大丰收，这似乎不是遥远的事情了。

美国密尔沃基市有一位养花人，当向自家温室里的花卉播放乐曲后，他惊奇地发现这些花卉发生了明显的变化：这些栽培的花卉发芽变早了，花也开得比以前茂盛了，而且经久不衰。这些花看上去更加美丽，更加鲜艳夺目。

这是一棵番茄，在它的枝干上还悬着个耳塞机，靠

近它可以听到里面正传出悠扬动听的音乐。奇迹出现了，这棵番茄长得又高又壮，结的果实也又多又大，最大的一个竟有2000克。

### 不同植物的不同音乐爱好

那么，番茄到底喜欢听哪种音乐呢？人们继续做实验，对一些番茄有的播放摇滚乐曲，有的播放轻音乐，结果发现听了舒缓、轻松音乐的番茄长得更为茁壮，而听了喧闹、杂乱无章音乐的番茄则生长缓慢，甚至死去。原来番茄也有对音乐的喜好和选择。

几乎所有的植物都能听懂音乐，而且在轻松的曲调中茁壮成长。甜菜、萝卜等植物都是音乐迷。有的国家用听音乐的方法培育出2500克重的萝卜，小伞那样大的蘑菇，2700克重的卷心菜。

黄瓜、南瓜喜欢箫声；番茄偏爱浪漫曲；橡胶树喜欢噪声。美国科学家曾对20种花卉进行了对比观察，发现噪音会使花卉的生长速度平均减慢47％，播放摇滚乐，就可能使某些植物枯萎，甚至死亡。

植物听音乐的原理是什么呢？原来那些舒缓动听的音乐声波的规则振动，使得植物体内的细胞分子也随之共振，加快了植物的新陈代谢，而使植物生长加速起来。

### 会跳舞的舞草

在我国的广西、福建、台湾，以及越南、印度等地确实生长

着一种会跳舞的草，人们管它叫舞草。舞草与大豆一样属豆科，是大豆的“近亲”。

它的叶片是由3片叶组成的复叶，中间的那片叶特别大，为长圆形，而两侧的叶子很小。开紫红色的花，结一种直镰刀形的荚果。有趣的是，舞草的两片小叶，可自由地回转运动，大约每分钟转一次；中间的大片叶只做角度约为6度至20度的摇摆运动，看上去好像在不停地跳舞。

## 舞草舞动之谜

舞草为什么会跳舞呢？科学家通过观察发现，舞草的跳舞行为与阳光有关系。如把舞草移到黑暗的地方，它的动作就会慢慢减弱，以至于最后停止；如再把它移回阳光下，它又开始舞起来了。此外，舞草的跳舞行为与温度也有关系。如外界温度达到30度，西侧的小叶跳得最欢，而且舞步呈圆圈状；如气温低于或高于30度，它就跳得没有那么畅快，并且舞步呈椭圆形。

科学家们经过研究，进一步揭开了舞草跳舞的奥秘。原来，舞草叶柄的叶座细胞在阳光和温度的刺激下，会收缩或者舒张，由此导致了叶片的运动。这种运动有利于舞草本身的生存：减少

阳光的直射面积，减少水分的蒸腾，防止昆虫等动物的危害。

这么说来，舞草跳舞并不是要给人欣赏的，而是出于它自己生存的需要。

## 小知识大视野

在云南西双版纳勐腊县尚勇乡附近的原始森林里，有一棵会“欣赏”音乐的小树，当地群众管它叫风流树。人们发现，在风流树旁播放轻音乐或抒情歌曲时，小树就会随音乐起舞；如果播放的是进行曲或嘈杂的音乐，小树就不舞动了。

# 闻所未闻的奇异植物

## 胎生植物

在一些热带海边的沙滩上，生长着一种胎生植物群落，这就是红树林。

这种红树林的种子成熟后并不脱落，而是在母树上继续发育，直至长成具有支撑根和呼吸根的棒状幼苗，随风跌落到海滩泥地上，便独立生长成林。

## 温血植物

澳大利亚科学家发现了一些“温血植物”，无论外界环境如何，植物花朵的温度总是保持恒定状态。他们把这类植物命名为温血植物。例如葛芋花的温度约38℃，而外界气温达20℃时，其温度还维持在40℃左右。

温血植物的这种温度调节能力，是为了把自身的花朵当成一个微型小环境，从而吸引昆虫，提高授粉概率。

## 伪装的生石花

生石花生活在非洲南部的沙漠地区，它的颜色、形状与卵石相似，叶肥厚多汁，裹成卵石状，能贮存水分。生石花开金黄色的花，非常好看，而且一棵只开一朵花，不过只开一天就凋谢。

生石花生成这个样子，当然是为了鱼目混珠，蒙骗动物，避免被吃掉。生石花喜欢与沙砾乱石为伴，要是离开了这种环境就

很难活命。

## 会释放毒素报复的植物

科学家研究发现，有些植物在受到不公平待遇时就会“揭竿而起”。如个别人把花盆当烟灰缸使，在花根上摁灭烟头，这种行为会让受到伤害的花草非常气愤，它们会对伤害自己的恶徒释放有害化合物。再比如，如果把西红柿的植株搬到卧室过夜，又忘给它浇水，它就用释放清醒剂的方式向主人发出抗议。

英国生物学家迈森就尝过植物的造反之苦。他屋里有一棵小榕树，以前他对小榕树悉心照料。后来，迈森由于忙于工作，冷落了小榕树。意想不到的是迈森的妻子便患上以前从未有过的好几种怪病，怀孕后又得了严重的中毒症，医生费尽心机也未能保住胎儿。

经过反复思考，聪明的迈森猜测到造成妻子身上发生的一系

列怪现象的原因，可能就是疏于对小榕树的照料，因而小榕树便对让它失宠的女主人释放毒素进行报复。迈森将榕树搬走后不久，妻子的怪病果然全好了。

科学家还发现，植物们在同伴权益受到损害时也敢于拔刀相助。美国犯罪研究中心的巴科斯塔博士做过用植物来鉴别犯人的一系列实验：在有两棵植物的房间里，相继进入6人，其中一人将一棵植物的茎折断了。然后，他在未被折断的那棵植物上接上电极，再唤出那6个人。当那位毁其同胞的罪犯进来时，被测植物的感情波动曲线竟然出乎人们意料地剧烈跳起来，仿佛在指证：罪犯就是他。由此可见，植物们是有辨别能力的。

## 给自己看病的植物

植物也有它们的"医生"，而且它们会有特殊的方法邀请医生来看病。最近，日本生态学研究中心科学家发现，植物叶子被虫子咬伤后会散发出特殊的香味，吸引来植物医生，而医生就是虫子的天敌。研究人员发现，植物普遍拥有产生清香的酶。植物叶片受伤后会流出绿色的汁液，同时散发出特殊的香味，其中含有一些挥发性信息化合物，可引诱害虫的天敌前来清除害虫。

卷心菜叶片受到菜粉蝶幼虫的取食后，释放出的特殊香味可吸引远处的医生，这就是菜粉蝶的天敌粉蝶盘绒茧蜂。卷心菜叶片受到菜粉蝶幼虫咬食一小时后，有很多的寄生蜂飞向遭受虫咬的植株，只有5%的寄生蜂飞向没遭受虫咬的植株。研究人员表示，这个研究

可以帮助那些不能散发挥发性信息化合物的植物来防虫。比如，十字花科的拟南芥就不能吸引植物医生。于是，研究人员利用转基因方法，将青椒合成香味酶的基因导入拟南芥中。拟南芥经转基因操作后，一旦被菜粉蝶的幼虫啃食叶片，它散发的清香便会增强。这种清香会传播得很远，吸引来菜粉蝶的天敌粉蝶盘绒茧蜂。这种寄生蜂把卵产到菜粉蝶幼虫身上，在菜粉蝶幼虫形成蛹之前就可以把幼虫吃个精光。这个研究有什么实际的用处呢？如果把这项成果应用到蔬菜栽培方面，有可能减少农药的使用量，让我们餐桌上的蔬菜变得更加环保。

## 小知识大视野

植物王国中最长寿的叶子：非洲西南部靠近海岸的狭长沙漠带中，生长着一些像大树桩一样的东西，它叫百岁叶。百岁叶的长相十分古怪，百岁叶虽然只有两片叶子，但和它的生命共存亡，能生长100多年，所以叫它百岁叶。

# 植物与动物合作

## 蚂蚁和金合欢

非洲肯尼亚大草原上的金合欢树都长满了锐利的刺，这是为了防止食草动物侵犯它们的有力武器。其中有一种金合欢树还长着一种特殊的刺，刺中空，下端膨大，风吹过会发出像哨子一样

的声音，所以，它们被叫作哨刺金合欢。

在哨刺里头，经常进进出出着一种褐色举腹蚂蚁。非洲的草原在旱季则变得干裂，因此，不适合蚂蚁在地下建巢，蚂蚁就把家安在了金合欢树上，住在空心的刺里头做起了房客。当长颈鹿等大型食草动物小心翼翼地躲开刺去吃金合欢树上的嫩叶时，扯动了树枝，举腹蚁觉察到后便蜂拥而至，拼命地叮咬长颈鹿的舌头，迫使长颈鹿离开。

金合欢树为了留住蚂蚁当保护神，还慷慨地为它们准备了美味的食物：在树叶基部有蜜腺分泌蜜汁供举腹蚁享用。

除了这种褐色举腹蚁，还有两种举腹蚁也以金合欢为家。一

棵金合欢树上只能生活着一种蚂蚁。如果有两种蚂蚁撞到了一起，它们就会展开你死我活的决斗，直至有一方独霸金合欢树。

在战争中，褐色举腹蚁往往占优势，大约一半以上的金合欢树都被这种举腹蚁占据。蚂蚁和金合欢的相互关系，是一种互利共生的关系。蚂蚁需要金合欢为它提供食宿，而金合欢也需要蚂蚁保护自己少受食草动物的侵害。

蚂蚁还能清除与之竞争的其他植物。倘若没有蚂蚁的保护，金合欢就会被食草动物吃掉，或被其他植物排挤。

### 树栖蚁和蚁栖树

南美洲巴西的密林中，生长着一种属于桑科植物的蚁栖树。

这种树的树干中空有节，像竹子一样，叶子却像蓖麻那样具有掌状单叶。树干表面密布着无数的小孔。仔细看可以看到有些蚂蚁从这些小孔进进出出。

在同一密林中，生长着一种森林害虫，这就是专吃各种树叶的啮叶蚁。

但这种啮叶蚁对蚁栖树却无可奈何。原因是蚁栖树上同时生长着另一种叫“阿兹特克蚁”的益蚁，也叫树栖蚁。

原来，蚁栖树中空的躯干是树栖蚁的理想住宅。

每当啮叶蚁前来侵犯树栖蚁的住房时，树栖蚁们团结起来奋勇迎敌，坚决将啮叶蚁驱逐出境，保卫房主的树叶安然无恙，郁郁葱葱。

蚁栖树不仅为树栖蚁提供免费住所，还产一种小果子专供树栖蚁享用。蚁栖树

的每个叶柄基部长着一丛细毛，其中长出一个小球，叫“穆勒尔小体”，是由蛋白质和脂肪构成的，给益蚁提供了富含蛋白质和脂肪的食物。

奇怪的是这些小果子被搬走以后，不久又生出新的来，使益蚁长期有东西吃。

树栖蚁为报答房主的殷勤款待，不但可以驱赶和消灭各种食叶蛀木害虫，特别是啮叶蚁，也倾全力为蚁栖树做其他好事。

比如，树栖蚁精心清除树上有害的真菌，帮助蚁栖树同讨厌的藤本植物作斗争等。

在树栖蚁的保护下，蚁栖树已经丧失了同类植物所具有的各种防卫能力，所以，一旦失去了树栖蚁的保护，它便无法生存了。

## 金鱼草与蜜蜂

金鱼草，也叫龙头花，它是唇形花冠，但是唇形花冠的上下唇老是互相扣紧闭合着。雌蕊、雄蕊和蜜腺都闭锁在花筒里面，在这样的一种结构下，如果昆虫太小，就不能拨开下唇，进入花内。

如果昆虫太大，虽然拨开下唇，也不能进入里面。只有像蜜蜂这样的中等昆虫，既能拨开下唇，

又能进入花冠筒内。

当蜜蜂探身进入花冠筒时，它的背部就接触到了花药和柱头，由于花药在两侧，柱头在中央，因此同一朵花的花粉不致被蜜蜂带到自己的柱头上，而蜜蜂背部带来的金鱼草花的花粉正好触在这朵花的柱头上，从而完成了异花传粉。

## 兰花与黄蜂

热带地区有一种兰花，它的下唇花瓣很像一只浴盆，里面常贮满清水。浴盆内有一条狭窄的甬道，甬道的顶部生有雄蕊和雌蕊。当黄蜂钻进花内吸蜜时，一失足就会跌入浴盆内。当它湿淋淋地爬起来挣脱逃走时，只能从甬道爬出来，这样就让黄蜂把从别朵兰花里带来的花粉，涂抹在这朵花的雌蕊上，同时又让黄蜂把这朵花的花粉带出去。

上面的例子告诉我们，不同种类的昆虫为特定的开花植物传送花粉，同时又以这些植物的花粉作为

自己的营养物质。在这种互利互惠、相互适应的过程中，它们各自的种族都得以繁衍。花与昆虫的关系不是一朝一夕形成的，它是在长期的生物进化过程中，植物与昆虫彼此相适应的结果。

## 小知识大视野

由于金合欢树越来越少，人们尝试着将金合欢树用围栏保护起来，使其不受动物的侵扰，但他们很快发现被保护的树木面临死亡的威胁。因为，在没有长颈鹿等动物的侵扰时，金合欢树就不会有汁液流出，举腹蚂蚁没有吃的，最终只好离开金合欢树，从而导致金合欢树也不能正常生长。

# 为什么植物会落叶

## 香山的黄栌

北京香山的红叶主要是黄栌的叶子。黄栌又称栌木，为漆树科落叶丛生灌木或小乔木，高3米至4米，其叶单生，叶柄细长，犹如一面小团扇。初为绿色，入秋之后渐变红色，尤其是深秋时

节，整个叶片变得火红，极为美丽。

黄栌花小而杂性，黄绿色，花开时满树小花长着粉红色的羽毛，远远望去犹如烟雾缭绕别有风趣，所以欧洲人称它为烟雾树。

黄栌原产于我国北部及中部，除北京香山之外，长江三峡的红叶也主要由它所构成。黄栌的木材可做黄色染料，过去帝王穿的黄云缎多用它做成的染料染成。

### 叶子秋日变红的原因

树木的叶子为何秋日变红呢？原来绿色植物的叶片里含有多种色素，如叶绿素、叶黄素、胡萝卜素和花青素等。在植物的生长季节中，由于叶绿素在叶片中占有优势，所以叶片保持着鲜绿的颜色。

到了秋季，气温下降，叶绿素合成受阻，遭到的破坏则与日俱增，所以含叶黄素、胡萝卜素多的叶片就呈黄色。红叶树种此时在叶片中产生了一种叫花色素苷的红色素，所以叶片呈现出美丽的红色。

在自然界中还有一些植物如紫叶李、红苋等，它们的叶子在全部生长季节中都是红的，这是由于红色素在这些植物叶片中常年都占据优势的缘故。

### 叶片的衰老

早在20世纪40年代，科学家们就认为衰老是有性生殖耗尽植物营养所引起的。

不少试验都指出，把植物的花和果实去掉，就可以延迟或阻止叶子的衰老，但问题并不是那么简单。

如果有兴趣不妨做这样一个实验，在大豆开花的季节，每天都把生长的花芽去掉，你会发现与不去花芽的植株相比，去掉花芽的大豆的衰老显著地延迟了。

进一步观察，人们还会发现许多植物叶片的衰老发生在开花结实以前，比如雌雄异棵的菠菜的雄花形成时，叶子已经开始衰老了。

随着研究工作的逐步深入，人们现在知道，在叶片衰老过程中蛋白质含量显著下降，核糖核酸含量也下降，叶片的光合作用

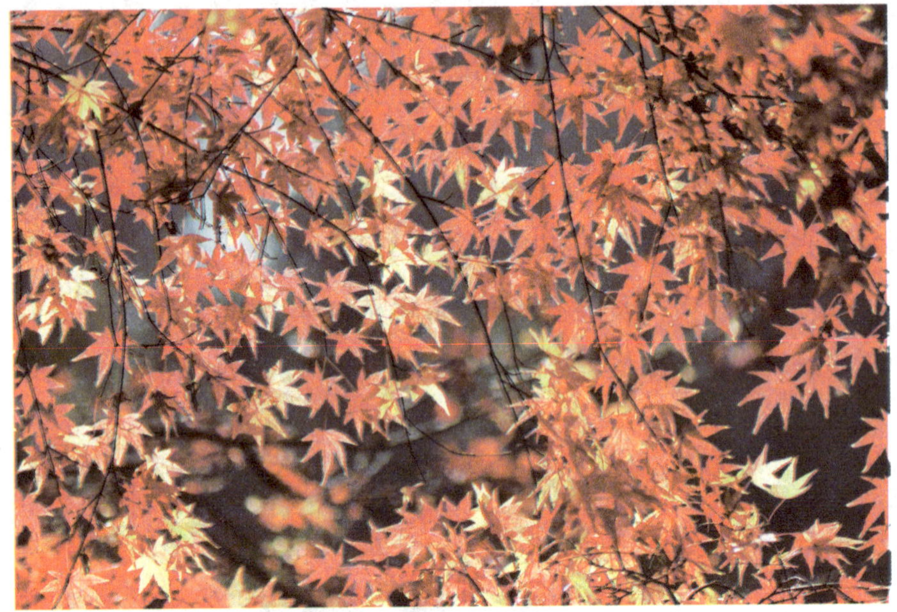

能力降低。

在电子显微镜下可以看到叶片衰老时叶绿体被破坏。这些生理变化和细胞学的变化过程就是衰老的基础，叶片衰老的最终结果就是落叶。

从形态解剖学角度研究发现，落叶跟紧靠叶柄基部的特殊结构——离层有关。在显微镜下可以观察到离层的薄壁细胞比周围的细胞要小，在叶片衰老过程中，离层及其临近细胞中的果胶酶和纤维素酶活性增加，结果使整个细胞溶解形成了一个自然的断裂面。

但叶柄中的维管束细胞不溶解，因此衰老死亡的叶子还附着在枝条上。

不过这些维管束非常纤细，秋风一吹它便抵挡不住，断了筋骨，整个叶片便摇摇晃晃地坠向地面。

## 为什么是秋风扫落叶

说到这里你也许要问，为什么落叶多发生在秋天而不是春天或夏天呢？其实，走在马路上就可以找到答案。仔细观察一下最为常见的行道树法国梧桐。你会发现深秋时节大多数的梧桐叶已落尽，而靠近路灯的树上，却总还有一些绿叶在寒风中艰难地挺立着。因此，我们可以得出这样的结论，影响植物落叶的条件是光而不是温度。

实验证明，增加光照可以延缓叶片的衰老和脱落，而且用红光照射效果特别明显；反过来缩短光照时间则可以促进落叶。夏季一过，秋天来临，日照逐渐变短，它在提醒植株——冬天来了。科学家们经过艰苦努力找到了能控制叶子脱落的化学物质。它就是脱落酸，脱落酸能明显地促进落叶，这在生产上具有重要意义，在棉花的机械化收割中，碎叶片和苞片掺进棉花后严重影响了棉花的质量，因此在收割以前，人们先用脱落酸进行喷洒，让叶片和苞片完全脱落保证了棉花的质量。还

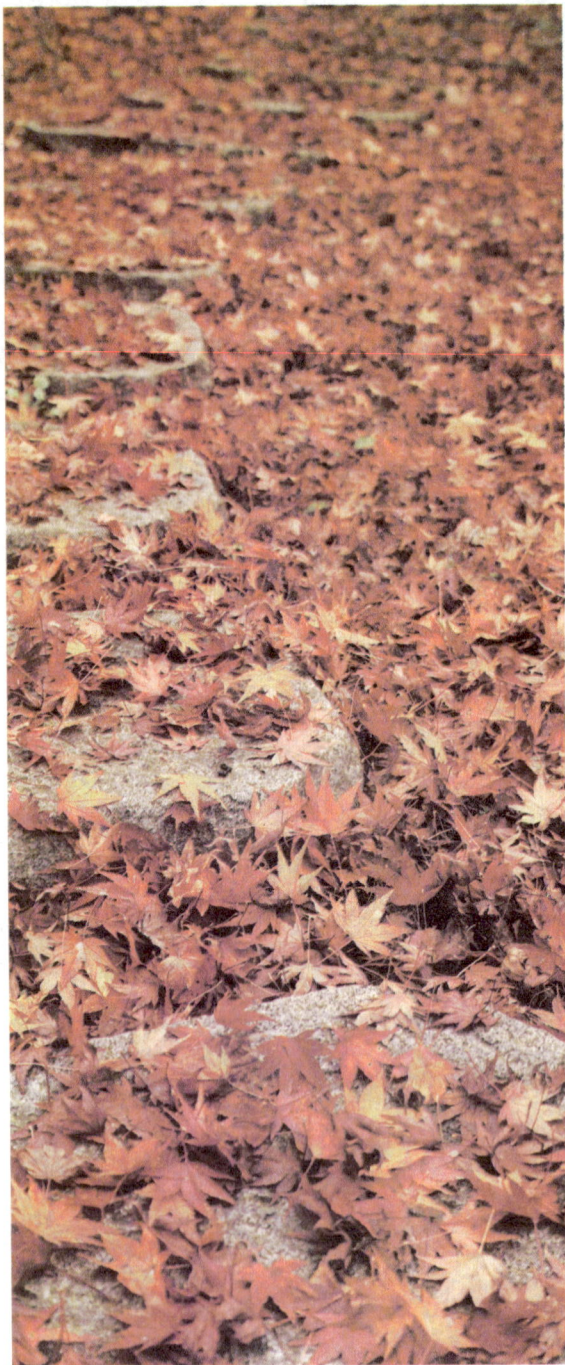

有一些激素的作用正好相反，赤霉素和细胞分裂素则能延缓叶片的衰老和脱落。

## 落叶着地时叶背向上之谜

如果我们留心看地上的落叶的话，就会注意到落叶着地时叶背总是向上的，为什么呢？

原来这是由叶的内部结构决定的。取一片叶子做一个薄薄的横切，放在显微镜下观察，就会发现叶的两面结构是不同的，叶的表面上下两层表皮，表皮之间是叶肉组织，其中靠近上正面表皮的叫栅栏组织，它的细胞排列紧密，比重较大；靠

近背面下表皮的叫海绵组织，它的细胞排列疏松，比重较小。所以，落叶着地时，比重较大的正面先着地，叶背总是向上。还有很多问题依然在等待我们不断去探索，去研究。

## 小知识大视野

植物的落叶有很多用途，它们可以做植物的肥料。秋天到了，树叶一片片掉下来落在泥土里，慢慢地腐烂了，来年植物就会长得更高。

# 植物有性别之分吗

## 植物的雌雄

我们所欣赏的花蕊是植物的两性器官，就是柱头和花药。沿着柱头下去就是子宫，相当于雌性器官，因为里面有卵细胞，是完成受精和孕育种子的地方。花药是雄性器官，其中藏着成千上万个花粉。当你触摸花时，沾到手上的黄色粉末就是花粉。

以上所描述的花朵中包含两种生殖器官，它们属于两性花。像月季花、百合花、玉兰花等都属于两性花，属于雌雄同株同花类的植物。

还有一些植物，如玉米、南瓜、马尾松等在同株上形成两种性别的花，属于雌雄同株异花类植物。但对于杨树、柳树、银杏树、罗汉松等，则有明显的雌树和雄树之分了。雄树上形成雄性的花器官，雌树上形成雌性的花器官。

属于雌雄异棵的植物，如果周围没有雄树，雌树就不会结果。比如，我们要吃上香喷喷的开心果，

果园里不能只载雌树，必须间隔一段距离栽些雄树才行。

## 人类对植物性别的运用

科学家们研究发现，与动物一样，植物的性别也是由存在于染色体上的基因决定的，通过对植物的种子或幼苗进行染色体的检查，就能准确地鉴别出杨树、柳树、银杏树等树木的性别。

这样，在林业生产中，就可以根据不同需要选择雄株还是雌株。大麻以收获纤维为栽培目的，雄株比雌株生长速度快，纤维质量好，当然栽培雄株比较经济。如果以收获种子为栽培银杏树的目的，就要选择雌株；作为城市绿化的行道树，则选择雄株比较好。当然，那些开花时会散出很多讨厌的絮状物的雄性杨树，在选行道树时，肯定要在幼苗期就淘汰了。

花的性别虽然主要取决于遗传因素，但也受环境条件的影

响。在生产实践中，如果适当调节光照、昼夜温差和水、肥，可以人为控制花的性别。例如，施氮肥、多浇水，有利于雄花发育。

植物性别的利用，还有许多典型的实例。杂交水稻的形成，就是利用雄性不育稻棵的发现和培育的。

## 能变性的印度天南星植物

大多数植物都是雌雄同棵的，在一棵植物体上既有雌花又有雄花，或者一朵花中同时有雌雄器官，而印度天南星却不断改变性别。早在20世纪20年代，植物学家就发现了印度天南星的这种性变现象。可是长期以来，人们猜不透其中的奥妙。

据美国一些植物学家研究发现，印度天南星的变性同植株体

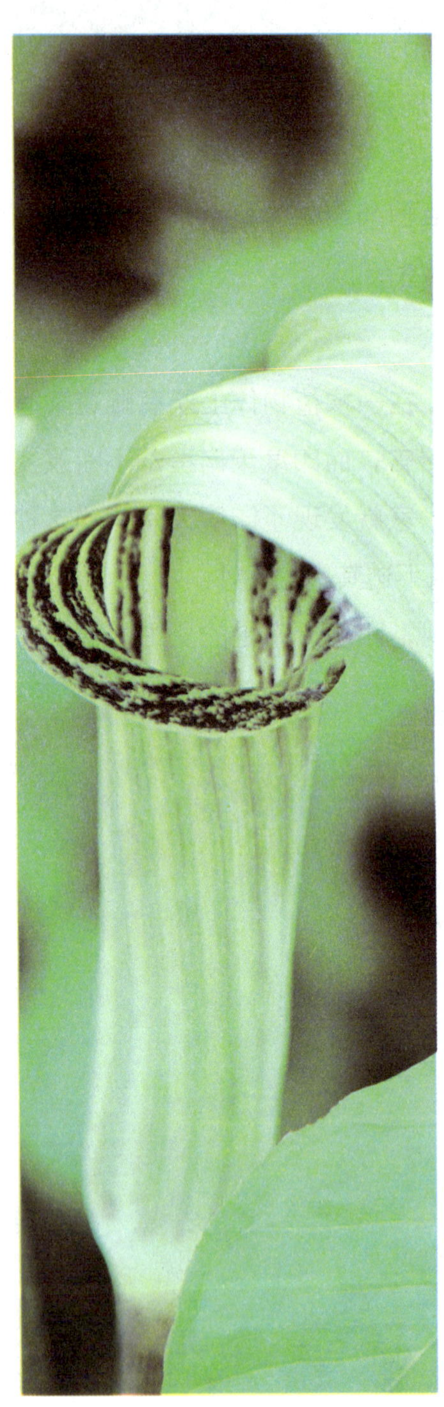

型大小密切相关，植株高度值以0.0398米为界，超过这高度的植株，多数为雌株；小于这个高度值的植株，多数为雄株。还发现，植株的高度值在0.01米至0.07米间，都可能发生变性，而0.038米却是雌株变为雄株的最佳高度。

中等大小的印度天南星通常只有一片叶子，开雄花。大一点的有两片叶子，开雌花。

而在更小的时候，它没有花，是中性的，以后既能转变为雄性，也能转变成雌性。

经过进一步的观察，他们又发现当印度天南星长得肥大时，常变成雌性；当植物体长得瘦小时又变成雄性。

科学家们认为：印度天南星的性变生理是植物节省能量，生存应变的策略。印度天南星的种子比较大，消耗的能量比一般植物更多。

如果年年结果，能量和营养

都会入不敷出，结果会使植物越来越瘦小，甚至因营养不良而死去。所以，只有长得壮实肥大的植物才变成雌性，开花结果。

结果后植物瘦弱了，就转变为雄性，这样可以大大节省能量和营养。经过一年休养，待它们恢复了元气，再变成雌性又开花结果。有趣的是这种植物不光依靠性变来繁殖后代，还利用性变来应付不良环境。

## 小知识大视野

现在人们认为水果也有性别之分，就拿西瓜来说，夏天是吃西瓜的好季节，挑个好瓜是不容易的。但是如果你懂得如何挑“公母西瓜”，就没问题。

据称，在与瓜蒂相对的另一面瓜皮上生有一个圆形块状组织，俗称“肚脐”，公西瓜的肚脐较小，而母西瓜的则较大，母瓜比公瓜甜。

# 植物也会呼吸吗

## 时刻在呼吸着的植物

植物虽然没有呼吸器官，但是，实际上植物在它的一生当

中，无论是根、茎、叶、花，还是种子和果实，时时刻刻都在进行着呼吸，只是人的肉眼看不出来。

不过，要想了解植物的呼吸也并不难。我们把植物放在一个一点也不漏气的容器里，过一段时间以后，测试一下就会发现容器里的氧气减少了，二氧化碳增多了。原因就是植物在进行呼吸，把氧气吸收了，放出了二氧化碳。

### 植物为什么要呼吸

植物身体里有许多有机物质，比如糖类、脂肪和蛋白质都要通过呼吸作用来进行氧化分解。平常在氧气充足的情况下，植物

体内的有机物质被彻底地氧化分解，最后生成二氧化碳和水等，这叫有氧呼吸。有氧呼吸能够释放出很多能量，这些能量可以供给植物本身生命活动的需要。

植物在呼吸过程中，有机物质的氧化分解，是一步一步进行的，整个过程中间会生成许多种化学成分不同的物质。

这些物质是植物用来合成蛋白质、脂肪和核酸的重要材料。所以，呼吸活动跟植物身体里各种物质的合成和互相转化有密切关系。

植物如果处在缺氧的环境里，它不会像动物那样马上停止呼吸，很快死亡。植物在缺氧的时候，虽然没有从外界吸收氧气，可是它照旧能够排出二氧化碳，这叫无氧呼吸。但这种无氧呼吸

对植物是很不利的，因为有机物质氧化分解不彻底，会造成植物体内的细胞中毒，最后导致植株死亡。

## 小知识大视野

呼吸根：植物离开根系就无法生存，根的主要功能之一是呼吸。有一种长在海边的海桑树，其主干附近的地面上长有许多像竹笋状的根，它不向下而向上长着。这是为什么呢？

因为海潮可以到达，涨潮时被淹没了大部分，所以，植物的根呼吸就比较困难。而海桑树生长出许多向上的根，在退潮时，靠这些根可以进行呼吸。这种根的顶端松软、有孔，里面有气道，有利于空气的流通和贮藏。这种根也属于气根的一种，它的主要功能是呼气，所以又叫呼气根。

# 雷电是植物引起吗

## 奇妙的植物和电

电对植物的影响是随处可见的。在很早以前人们就发现，频繁的雷电对农作物的成长发育是有好处的，它能缩短成熟期和提

高产量。在避雷器和高压电线附近就能明显发现这一点。另外，无数次的试验也证明，把微弱的电流通入土壤，能使许多植物的种子发芽迅速，产量提高。

植物接受任何一个微小的电荷都像喝一口滋补饮料，会使它的生命过程加速，可以使植物迅速成熟，果实更为丰硕。能享受电营养品的不仅是草，还有树木。

### 植物离不开电

美国科学家曾用弱电治疗树木癌肿病以及其他危难病症。春天，把电极插入树内，短时间通入交流电，电流就进入树枝、树根和土壤。

每次时间要根据“患者”的病情来确定。一段时间之后，出现了奇迹，树上长出了新枝和新皮，患处也开始结疤。不过这只有弱电流才行。

经研究发现，所有植物的细胞都是一种特殊的电磁，因此整棵植物总是不断地有弱电流通过。

哪怕是一个最微小的幼芽，它能够生存的原因，也是因为有电流通过。

当电流爬上草花的花冠，它身上的电就会发出信号，驱使它的蜜腺分泌出甜汁。

## 雷电与植物

上边的事例，说明植物是离不开电的。

那么，植物和雷电有什么关系呢?

直至不久前人们才研究

清楚，所有的花粉都带正电荷，雌蕊带负电荷。正是由于正负电荷的吸收，花粉和雌蕊才有了接触的机会。

大家知道，雷是正电和负电相接触的结果，这就和植物有了关系。美国华盛顿大学的文特教授和苏联基辅大学的格罗津斯基教授就认为，雷电就是由植物引起的。

据统计，全世界所有的植物每年蒸发至大气里的芳香物质大约有数百万吨。它们都是迎着阳光飞走的，每一滴芳香物质都带

有正电荷，把水分吸到自己的身上，水分就形成了一个水汽罩把芳香物质包在核心。

就这样一滴滴、一点点地逐渐积聚，越聚越多，最终形成可以发出电闪雷鸣的大块乌云。

地球各大洲的上空，每秒钟大约发生100次闪电。如果把闪电所释放的全部禾电收集起来，就可以得到功率为一亿千瓦的强大电流。

这正是植物每年散布到空中的数百万吨芳香油所带走的那部

分能量。植物把电能传给大气，大气又传给大地，而大地再传给植物。电就是这样年复一年、经久不停地循环着。

### 植物化石与雷电

究竟是什么样的自然现象让生物原本具有活性的细胞在死亡后没有被微生物分解殆尽，而得以保存下来?

中科院南京地质古生物研究所的王鑫副研究员认为是雷电，它可能破坏了细胞分解过程中不可或缺的酶的反应条件。

雷电击打植物的时候，有两个路径，一个是植物的表面，另

外是沿着茎秆中生命活动最活跃的地方——形成层，因为那里的水分最多，电阻最小。

雷电可能引发野火，从而可能让植物迅速烤焦炭化，产生一种惰性极强的物质——丝炭，连强酸强碱都奈何不得它，也正是因为这个原因，植物的细胞在雷电的瞬间被“杀死”、“固定”，穿越亿年而不发生任何反应。

### 雷电之谜

也有些人对此提出过许多疑问。接着格罗津斯基又提出一系列问题：

为什么雷电出现的地方经常是炎热夏季中遍布植被的地方？这难道不是因为在晴朗暖和的日子里，有更多的芳香油散发到空中吗？为什么在沙漠和海洋上雷鸣是那样稀少？为什么在两极地区和冻土地带没有雷电？为什么冬季很少有雷电？这些问题如何解答呢？雷电难道真的和植物有关吗？这个问题还有待科学家进一步研究。

## 小知识大视野

科学家研究发现，许多植物都与电有着密切的关系。如：含羞草的叶子一受到触动，它就立刻卷起；当雨快到来时，蒲公英的花盘就会马上收拢；阿尔卑斯山的龙胆草，对天气变化感受得更为强烈。当乌云遮盖太阳时，花就会立即合拢，一旦太阳出来，它便立即开放，如果遇到阴晴不定的天气，那它可就要忙坏了。

# 植物情报传递之谜

## 能传递保护信息的树

许多动物能够以不同的方式向自己的同伴传递一些信息，以表达自己的意愿等，而植物王国里也有信息传送吗？如果有，它们又是靠什么来传递信息的呢？美国华盛顿大学的两位科学家发现了这样一件怪事情：

为了做一项实验，两名研究者选择了华盛顿州西特尔城附近的一片树林。他们发现，在这片树林的柳树和桤木上，凡是经过一些毛虫等捕食性动物侵袭的树叶，就会发生营养质地的变化。那么这种营养质地的变化程度如何呢？

这正是两位研究者要知道的问题。因为他们已经获得了其他一些植物在昆虫侵袭之后的变化情况，例如藿香蓟，它的组织内含有使捕食性动物变态的化学物质，一旦介壳虫、蚜虫侵袭了它，这些虫类反而在化学物质的影响下变态，从而不能产卵。

实验开始时，两位研究者将几百条毛虫放在树上，然后观察这些树木如何调节机制来抵御毛虫的袭击。不久，他们就发现树木有了反应，散发出属于生物碱或萜烯化合物一类的化学物质。这些化学物质散布在树叶间，很难被昆虫消化。

就在这时，两位研究者意外地发现了另一奇怪的现象：大约

在30米至40米远的另一片树林里，同样散发出了防御状态的化学物质，这是一片并没有放置毛虫的树林，而且又隔着一段距离，它们是怎样获得了注意危险的警告信号呢？美国的学者大为惊讶。他们觉得，肯定是那些受毛虫侵袭的树木把信息通知了那片本来宁静的树林，要它们加强预防。可是它他们是怎样通知的？通过什么形式？而对方如何接收又怎样做出防御的反应呢？

### 难解之谜

这一发现，导致出一系列难解之谜，引出了新的困惑，动摇了传统的、固有的观念。人们对植物的能力有了进一步的认识：它们不是不会说话，而是用它们自己的方式来说话，来沟通它们的世界，传递它们的信息。一些科学家认为现在远不是下结论的时候，更有说服力的解释有待于大量的实验之后才能做出。

关于植物的超能力，已经广泛地引起了世界上许多人的注意，有人通过自己或者别人的观察、研究，试图做一些解释，但

是这些解释是不是很完整，很确切呢?

比如说，有人认为植物之所以具有感应月球和地磁的超能力，是因为植物拥有交流信息的天线装置，植物的刺或毛是一种导波管，类似天线的作用。由于有这些导波管，植物便可以感应可见光、红外线或微波光线，可以敏锐地感应化学物质、气味，还能接受压力、空气电离子、温度和湿度等，因而使得植物拥有了特殊的超能力，能与人类、星球或原始星云做信息交流。

科学家们的观点、假设为人类探索自然之谜拓开了思路。从中我们可以看到地球植物所蕴藏着的奥秘和潜力是不容忽视的，那么等待着我们的又是什么呢?可以在公园范围内随意走来走去，可以到处挑选园内不同树木的叶子。而捻角羚羊则被圈养在围栏内，不得不吃生长在围栏内的树叶子。科学家还发现，长颈鹿仔细挑选它准备吃叶子的那棵树，通常从10棵枞树中选一棵。此外，它们还避开它们已经吃过的枞树后迎风方向的枞树。

专家研究了死羚羊胃里的东西，发现死因是它们吃进去的树叶里单宁含量非常高，这种毒物损害动物的肝脏。在研究长颈鹿胃里的东西之后，他们发现长颈鹿吃入的食物品种较多，所吃入的枞树叶的单宁浓度只有6%左右，而捻角羚羊胃里的单宁浓度高达15%。

为什么在同样一些枞树的叶子内，而在不同动物胃里，单宁浓度不同呢？经研究，专家认为：枞树用分泌更多单宁的方法来保护自己以免遭到动物吞食。

在研究中科学家们还发现：当枞树不止一次受到食草动物的侵袭时，枞树能向自己的同伴发出危险警报，让它们增加叶里的单宁含量。收到这一信息的树木在几分钟内就采取防御措施，使枞树叶子里的单宁含量迅速猛增。

植物之间有传递情报行为，已被人们所公认，但它是如何传

递的呢，它的同伴又是怎样接收到它的情报的呢？还需要专家们进一步研究才能得知。

## 小知识大视野

在北极短暂的夏日，也会迎来北极竹屋的繁荣，如杨柳科，莎科、十字花和蔷薇科等植物花卉竟相绽放，形成一听靓美的极地风景线。更有趣的是，有些花卉未及受粉也可以下成熟的种子。因为北极的夏季转瞬即逝

**图书在版编目(CIP)数据**

花草谜团破解/王兴东著. —武汉:武汉大学出版社,2013.9
(2021.8 重印)
ISBN 978-7-307-11649-8

Ⅰ.花… Ⅱ.王… Ⅲ.①植物-青年读物 ②植物-少年读物
Ⅳ.Q94-49

中国版本图书馆 CIP 数据核字(2013)第 210483 号

责任编辑:刘延姣　　责任校对:马　良　　版式设计:大华文苑

---

出版发行:**武汉大学出版社**　(430072　武昌　珞珈山)
(电子邮箱:cbs22@ whu. edu. cn　网址:www. wdp. com. cn)
印刷:三河市燕春印务有限公司
开本:710×1000　1/16　　印张:10　　字数:156 千字
版次:2013 年 9 月第 1 版　　2021 年 8 月第 3 次印刷
ISBN 978-7-307-11649-8　　定价:29.80 元

---